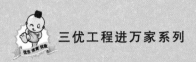

三优工程进万家系列

2~3岁宝宝教养手册

主编 王书荃

编写 王书荃 冯 斌 任玉风

陈 欣 楼晓悦 赵 娟

U0323923

山西出版传媒集团·希望出版社

图书在版编目（CIP）数据

2~3岁宝宝教养手册 / 王书荃主编. -- 太原：希望出版社，2012.2

（三优工程进万家系列）

ISBN 978-7-5379-5621-5

Ⅰ.①2~3… Ⅱ.①王… Ⅲ.①婴幼儿 – 哺育 Ⅳ.①TS976.31

中国版本图书馆 CIP 数据核字（2011）第 280901 号

三优工程进万家系列

2~3岁宝宝教养手册

出 版 人 梁 萍		责任编辑 申月华	
策 划 武志娟 申月华		复 审 武志娟	
装帧设计 韩 石		终 审 陈 炜	
内文图片 任 杰		责任印制 刘一新	

书　　名　2~3岁宝宝教养手册
出版发行　山西出版传媒集团·希望出版社
地　　址　山西省太原市建设南路21号　　邮　编　030012
印　　刷　运城市凯达印刷包装有限公司
开　　本　720mm × 1000mm　1/16
印　　张　13
印　　数　1-6000册
版　　次　2013年2月第1版　　2013年2月第1次印刷
标准书号　ISBN 978-7-5379-5621-5
定　　价　29.80元

前言

当新生命的到来为家庭带来喜悦的同时，也带来了责任。俗话说：三岁看大七岁看老。国内外大量研究表明，0~3岁是个体感官、动作、语言、智力发展的关键时期，是个体体格和心理发展的基础。许多年轻父母在还没有完全形成父母意识的时候，就匆匆地担任起了为人父母的重要角色。做父母需要学习，养育孩子的过程就是新手父母学习和成长的过程。父母如果具备了养育孩子必须的知识，就可以充分利用婴儿出生后头几个月的最佳时期，以及儿童0~3岁这一重要的发育阶段，给孩子提供尽可能多的外部刺激来促进儿童发育，帮助儿童发展自然的力量。

父母既要懂得护理保健的知识又要掌握科学喂养的技巧，更重要的是通过情绪情感的关怀和适宜的亲子游戏活动，为孩子的一生创造一个良好的开端，为未来的发展奠定良好的基础。

为了更好地普及0~3岁的科学育儿知识，我们应邀编写了这套图书，全书按照年龄分为三册，第一册《0～1岁宝宝教养手册》，每一个月为一个年龄阶段，一共十二个年龄段。第二册《1～2岁宝宝教养手册》，每两个月为一个年龄阶段，一共六个年龄段。第三册《2～3岁宝宝教养手册》，每三个月为一个年龄阶段，一共四个年龄段。每个年龄段儿童的发展和养育、教育特点都是由十个板块展现的，那就是发展综述、身心特点、科学喂养、护理保健、疾病预防、运动健身、智慧乐园、情商启迪、玩具推介和问题解答。

首先我们在每一个年龄段里综合概括地向家长介绍了这个年龄阶段孩子的发展特征，使家长对这个年龄段的孩子有一总体的认识。接下来，"身心特点"告诉家长本月龄孩子体格和心理发展的各项指标，使家长可以依照相应的指标对比自己的孩子，了解孩子的发展水平。在"科学喂养"这个板块里，告诉家长这个年龄阶段孩子的营养需求是什么以及一些喂养技巧，同时还教给新手妈妈怎么样给孩子做营养均衡的美味食品。对新生儿及婴幼儿来说，吃喝拉撒睡是很琐碎但是又十分重要的生活内容，在"护理保健"这一板块中，我们详细地介绍了不同年龄阶段和不同喂养方式孩子大便、小便特点，如何根据大小便判断孩子的健康状况，以及睡眠规律和良好睡眠习惯的养成。在"疾病预防"方面，除了新生儿疾病以外，疾病的特点虽然不以年龄阶段划分，但我们仍旧在每个年龄阶段从生理疾病、情绪行为问题和意外伤害等方面分别介绍了常见的问题和主要的预防方法。

当前0～3岁早期教育正经历着前所未有的历史发展机遇！许多国家采取了立法的方式确立了这一时期教育的地位。但教育的内容是什么，应该如何对这一时期的儿童进行教育？"运动健身"、"智慧乐园"和"情商启迪"这三个板块，以游戏的方式教给家长促进孩子运动、智力发展和培养良好情绪的方法。

玩具是促进儿童发展的媒介，在"玩具推介"这一板块，我们为家长提供了相应年龄段可供选择的玩具。最后在"问题解答"这一板块回答了年轻父母最关心的问题并呈现了以上板块没有包含的内容。

我们希望这套图书能给家长带来崭新的育儿观念、丰富的育儿知识和科学的育儿方法，让孩子在良好的环境中健康地成长。

本套图书得以在短时间内顺利地完成，要感谢所有的参与者，每个人充分调动了自己的潜能，挖掘了自己的积累，以最高的效率共同培育了这一成果。参加撰写的除了我本人之外，还有冯斌、任玉凤、陈欣、楼晓悦、赵娟。其中第一个板块"发展综述"由陈欣撰写；第二个板块"身心特点"和第九个板块"玩具推介"由冯斌撰写；第三个板块"科学喂养"由任玉风撰写；第四个板块"护理保健"由楼晓悦撰写；第五个板块"疾病预防"由王书荃撰写；第六、七、八个板块即"运动健身""智慧乐园""情商启迪"由王书荃、冯斌、任玉风、赵娟共同撰写，任玉风和赵娟做了很多资料甄选工作；"问题解答"由王书荃、任玉风撰写。王书荃作为本书的主编构建了全书的框架、确定了板块和编写思路。最后全书由王书荃统稿，冯斌协助。

由于时间紧张、水平有限，不当之处敬请指正。

王书荃

中央教育科学研究所

目 录

MULU

25~27个月的宝宝

25~27 GE YUE DE BAOBAO

一、发展综述

两岁以后的宝宝肢体动作的协调性有了显著提高，跑、跳等基本动作较前协调，姿势正确，能双脚跳起，并稳稳落地；能听成人口令做简单的动作，在成人的帮助下能初步按规则做内容简单的游戏。由于手眼协调的精准性有了很大的提高，这时的宝宝可以用积木搭桥、搭门洞，并能熟练地用玻璃丝连续穿4~5个纽扣。

25~27个月的宝宝能把原来说的那些不完整、不连贯的句子扩展成包括主语、谓语、宾语的完整句型，而且还学会了一些介词、冠词和助动词，感叹词和语气强调也出现了。他们会说："这是宝宝的毛巾，那是妈妈的毛巾。""猫咪爬在床上睡觉。""唉，我的小车摔坏了！""你能帮我吗？"等等。

刚过两岁的宝宝在面对困难时，如能得到成人的合理引导，他们可以学会如何处理和应对痛苦。虽然宝宝年龄小，他们也能学会更加信任别人，更诚实，更乐于助人，更理解和同情别人。他们将更有勇气去做事，对挫折有更大的忍耐。他们将在爱和喜悦中体验痛苦，在这种情况下，痛苦往往会被缓解。

这个年龄的宝宝对生活常识有了进一步的了解。他们知道了气候、时间都一直在变化，也认识了更多的日常用品。宝宝喜欢唱歌、跳舞，并能随着音乐即兴表演动作。

二、身心特点

（一）体格发育

1. 身长标准
男童平均身长为89.2厘米，正常范围是85.1～93.4厘米。
女童平均身长为88.2厘米，正常范围是84.0～92.3厘米。

2. 体重标准
男童平均体重为13.0千克，正常范围是11.4～14.5千克。
女童平均体重为12.3千克，正常范围是10.8～13.8千克。

3. 头围标准
男童平均头围为48.5厘米，正常范围是47.5～49.5厘米。
女童平均头围为47.5厘米，正常范围是46.3～48.7厘米。

4. 胸围标准
男童平均胸围为49.8厘米，正常范围是47.8～51.8厘米。
女童平均胸围为48.9厘米，正常范围是47.0～50.8厘米。

（二）心理发展

1. 大运动的发展
这个年龄段的宝宝能够控制跑的动作，可以随时停止跑的状态，可以听从成人的指令跑或停。能够双脚离地连续跳，并且可以跳远，向前跳动一小段距离。成人可以组织宝宝和小朋友一起进行踢球比赛，练习追球、抢球、跑动踢球，能按一定的方向踢球。这时的宝宝能够不扶任何物体独自上下三级楼梯，开始还处在两步一级阶段。宝宝能够双脚并拢跳下一级台阶，初期练习跳矮一些的台阶，然后再慢慢增加台阶的高度。宝宝可以单脚站立5秒钟左右，进行左右脚互换练习，以提高其运动协调性和控制力。

2. 精细动作的发展

这个年龄段的宝宝能够连续穿多颗小珠子，可以穿6个以上的纽扣，尽量鼓励宝宝多穿一些，并帮助其找到好的方法，加快速度，促进其手眼协调能力的发展。这个时期的宝宝不仅能够模仿画竖线、横线，还可以模仿画圆，这时宝宝画的图形不一定很规整，但要培养其模仿画的意识。宝宝已经能够玩套叠玩具，开始时不能完全按大小顺序组合玩具，通过摸索尝试逐渐修正顺序。宝宝能够将积木搭高10块。成人用三块积木搭桥，宝宝可以模仿操作。

3. 语言能力的发展

这个年龄段的宝宝能说8～10个字的句子，能恰当地使用"好看、漂亮"等形容词。成人与宝宝对话时，尽量引导宝宝说完整句，提升其语言表达能力，并使用丰富优美的词汇，帮助宝宝增加词汇量。这时的宝宝可以熟练对接经常听的儿歌或诗词的尾句，能够完整背诵1～2首儿歌。能够辨识家里亲近的人说话的声音，记住家人的称谓。会说简单的英语单词，比如"eye，nose，ear"等，可以边说边指。

4. 认知能力的发展

这个年龄段的宝宝已经理解长短与多少的概念，能够流畅地数10个数。成人说三个不连续的数字，宝宝可以重复。这时宝宝对方位也有了一定的认知，成人发出指令时，宝宝可将手臂放在前面、后面、桌子上面、桌子下面，向两边展开双臂、合拢双臂等。宝宝有时能分清自己的左手和右手。这个时期的宝宝对性别已有了粗浅的认识，知道自己是男孩或女孩，能分清有明显特征的男孩和女孩。宝宝知道自己的年龄，能用语言回答"我两岁"，并能记住自己家里的电话号码。

5. 自理能力的发展

这个年龄段的宝宝开始学习自己洗手，能够开关水龙头，洗手心、手背、手指缝，会擦香皂，冲洗，用毛巾擦干双手。此时的宝宝可以学穿袜子和不用系带的鞋。可以帮助成人拿一些生活用品，比如拖鞋、眼镜、帽子、上衣、书包等，能够分清是谁的东西，不会拿错。认识回家的路口，从路口可以独自回家。

三、科学喂养

（一）营养需求

宝宝的每日进食量可以参考以下数据：主食100～200克，豆制品15～25克，肉、蛋50～75克，蔬菜100～150克，牛奶250～500克，水果适量。如果能按上面的量食用，就可以获得较充足的热量和营养。但是，仅有丰富的食物还不够，还要合理安排宝宝吃饭的时间和进餐的次数，才能保证摄取足够的营养。一般来说，宝宝的进餐次数随着年龄的增长而逐渐减少，也就是说，年龄越小，进餐次数越多，2～3岁的宝宝，每天大约吃4～5顿饭。早饭要吃好，一般以面包、糕点、鸡蛋、牛奶、稀饭等配以小菜，营养要占全天总热量的25％左右。午饭应最丰富，量也最多，应搭配米饭、馒头、肉末、青菜、动物肝脏、豆腐、菜汤等，营养要占全天总热量的40％。可适量加些牛奶或豆浆、水果、饼干等，约占全天总热量的10％左右。晚饭要吃得清淡，如面条、青菜、浓汤等，营养要占全天总热量的25％左右。注意，晚餐不要吃得过饱，以免宝宝夜间睡眠不安。

叶黄素可保护宝宝的视力。在可见光中有一种高能量可见光——蓝光，能穿过角膜和晶状体并接触到视网膜，加速视网膜黄斑区的细胞氧化，对宝宝的眼睛造成伤害。家庭用闪光灯、暖炉、阳光、浴霸都含有蓝光。叶黄素是一种帮助眼睛健康的关键抗氧化剂，能有效保护宝宝视网膜免受蓝光伤害。人体不能自身合成叶黄素，必须从食物中摄取，而深绿色蔬菜，如菠菜、甘蓝、油菜等多富含叶黄素。因此，多吃深绿色蔬菜，可以保护宝宝的视力。

（二）喂养技巧

1. 蔬菜的选择

野外生长或人工培育的食用菌及人工培育的各种豆芽菜都没有施用农药，是非常安全的蔬菜。果实在泥土中的茎块状蔬菜，如鲜藕、土豆、芋头、胡萝卜、冬笋等也很少施用农药。研究发现，蔬菜的营养价值高低与蔬菜的颜色密切相关。一般来讲，颜色较深的蔬菜营养价值高，如深绿色蔬菜中维生素C、胡萝卜素及无机盐含量都较高。另外，胡萝卜素在橙黄色、黄色、红色的蔬菜中含量也较高。还有研究表明，绿叶蔬菜有助于预防阑尾炎，红色蔬菜有助于缓解伤风感冒的症状。

2. 蔬菜的清洗

食用前要注意清洗蔬菜。农药易残留在蔬菜上，如果能够去皮的蔬菜就尽量去皮，不能去皮的蔬菜在清洗时，可先浸泡五六分钟，将农药充分溶解，再用清水反复冲洗。或把蔬菜放在淘米水中浸泡10分钟，再反复以流动清水冲洗。还可以把蔬菜放入盆内，加入足量清水，再放入小苏打搅拌均匀浸泡10分钟，最后用清水冲掉。

3. 为宝宝准备饭菜的基本原则

（1）少放盐。宝宝不能吃过多的食盐，做菜时要少放盐。如果成人都比较口重，那正好借此机会减少食盐的摄入。过多摄入食盐，对成人的身体健康同样不利。

（2）少放油。摄入过多油脂会出现脂肪肝，也影响宝宝食欲。过于油腻的菜肴，容易引起宝宝厌食。宝宝喜欢吃味道鲜美、清淡的食物。

（3）别太硬。宝宝咀嚼和吞咽功能还不是很强，如果菜过硬，宝宝会因为咀嚼困难而拒绝吃菜。

（4）菜切碎。宝宝咀嚼肌容易疲劳，如果菜切得过大，宝宝就需要多咀嚼，很容易疲劳；宝宝的口腔容积有限，大块的菜进入会影响口腔运动，不利于咀嚼，宝宝会因此把菜吐出来。

（5）少调味。宝宝有品尝美味佳肴的能力，但妈妈给宝宝做饭多数不放调料,成人吃起来都难以下咽，宝宝也同样会感到难以下咽。给宝宝的饭菜也要适当调味，宝宝同样喜欢吃有滋有味的饭菜。

（6）品种多样。有的妈妈一周内给宝宝吃的饭菜只有一两种，几乎每天都吃同样的饭菜，这怎么能不让宝宝厌食呢！一周之内，同样的饭菜，最多只能重复一次。

4.注意事项

（1）预防心脏病从小开始。根据国外医学研究，心脏病的形成过程开始于两岁，并随着时间的推移而逐渐演化。因此从幼儿时期开始，就要注意饮食，预防成年后心脏病的发生。

（2）多吃黄绿色的新鲜蔬菜。新鲜蔬菜含有丰富的维生素，可以保持血管弹性，防止胆固醇堆积。

（3）饮食宜清淡。食盐中的氯化钠会使血管收缩，血压升高，增加血液流动的阻力。要多食用含有不饱和脂肪酸的食物，如芝麻油、菜子油、玉米油、鱼类。节制胆固醇的摄入，如少吃猪油、蟹黄等。

（三）宝宝餐桌

1. 一日食谱参照

8：00：米粥、鸡蛋面饼。

10：00：牛奶。

12：00：米饭、肉末炒胡萝卜、虾皮紫菜汤。

15：00：牛奶、面包片、水果。

18：00：肉末碎青菜面。

21：00：牛奶、蛋糕。

2. 巧手妈妈做美食

洋葱炒牛肉：洋葱250克，牛腿肉100克，酱油、盐、植物油、姜末、黄酒、淀粉少量。牛腿肉洗净、切丝，加盐、黄酒、淀粉上浆。洋葱洗净、切丝。油锅烧热，放入牛腿肉丝炒熟出锅。放入洋葱丝加酱油、盐、姜末翻炒后，再倒入炒熟的牛腿肉丝同炒。

卷心菜炒肉：卷心菜250克，猪瘦肉100克，植物油、盐、酱油、葱末少量。卷心菜择洗干净，手撕成方块，猪瘦肉洗净、切片。油锅烧热，下肉片炒至变色，再投入卷心菜加酱油、盐翻炒。最后撒上葱末，即可出锅。

凉拌三丝：芹菜250克，海带100克，黑木耳50克，酱油、麻油、盐少量。海带、黑木耳用水发好、洗净、切丝，芹菜洗净、切段，各在沸水中焯熟。将三丝混合，加酱油、麻油、盐，搅拌均匀即可。

香肠炒蛋：香肠1根，鸡蛋3个，葱末、盐、植物油少量。鸡蛋打入碗内，加葱末、盐搅拌均匀；香肠蒸熟切片。油锅烧开后将鸡蛋液与香肠一起倒入锅内，翻炒片刻即可。

四、护理保健

（一）护理要点

1. 吃喝

★照顾2～3岁宝宝的吃喝，需注意什么呢？

（1）做好进餐前的准备。吃饭前15分钟应停止游戏活动，与宝宝一起收拾玩具，学会洗手与等待。让宝宝调整好情绪，易于食物的消化和吸收。

（2）营造良好的进餐氛围。成人千万不要表现出对某种食物的厌恶，应该一边吃饭一边给宝宝介绍饭菜的营养和自己对饭菜的喜爱，保护宝宝自己吃饭的热情。

（3）遵循进食"黄金原则"。成人把握好宝宝应该吃什么饭菜，而把每次吃多少的权利留给孩子。尤其对于3岁左右的宝宝来说，自己完全可以决定吃多少。有国外研究表明，成人觉得孩子应该吃的量，以及为孩子盛到碗里的量，通常都会比孩子需要的多，长此以往，易使孩子发胖。

（4）愉快进餐。此时，宝宝的手指动作控制能力可能还不是特别协调，在进餐时常会碰倒或打碎餐具，这时成人应谅解、安慰他，不要责怪或打骂，以免造成宝宝进餐时的恐惧心理。宝宝有了愉快的情绪，饱满的精神，才能专心进食，增进食欲。

（5）固定喂食。宝宝每次进食都应在固定的地点和固定的时间。其实，早在宝宝10个月时就可以坐在小靠背椅上，将小碗放在桌上喂食。如果宝宝从小就有固定的地点、座位，就可以使他养成专心坐定进食的好习惯。长大后就不会形成坐不住、边走边吃、边玩边吃的坏习惯。

2. 睡眠

★ 3 岁前，宝宝应养成良好的睡眠习惯。

宝宝长得很快，一转眼就成了个"小大人儿"。这个阶段，是开始锻炼宝宝独立性的时候了，如果宝宝太依赖成人，等到他上幼儿园时就会遇到很多困难和麻烦。

（1）独立睡眠。在保证安全的情况下，尽早让宝宝养成单独睡一张床的习惯。这样，既可以保证宝宝的睡眠质量、克服依赖感，还可以使其养成不用成人抱着摇晃就能入睡的好习惯。

如果宝宝现在还是与成人同床，不如从现在起，就要有意识地让宝宝慢慢地过渡到与成人同屋，分床睡在成人的大床边；等宝宝已经欣然接受后，再慢慢与他拉开距离，直到他自然地睡在他的小屋里。

（2）养成良好的作息规律。按同样的时间、固定的准备程序安排宝宝入睡或起床。如教宝宝洗漱，在成人的帮助下穿脱衣服，并将衣服放在固定的地方。入睡前，可给宝宝读一段故事或播放一段舒缓的音乐后，使其进入梦乡。

> **特别提示：**叫宝宝起床的声音、动作都要温柔，给宝宝一个清醒的过程，有益于他的身心健康。这时，可以为宝宝播放音乐或他喜欢的故事，不仅能尽早开发宝宝的艺术潜能，而且还能达到醒脑、愉悦身心的作用，更有易于培养宝宝良好的情绪。

3. 其他

★给宝宝穿衣、戴帽有什么讲究？

两岁以后，宝宝更加活泼可爱，运动量也越来越大。给宝宝穿衣服应该注意些什么呢?

（1）穿衣应掌握"度"。很多成人认为：宝宝年龄小，抵抗力弱，所以给宝宝穿得很多，怕伤风感冒。其实，成人穿多少，孩子也可以穿多少，不用比成人多，更不能"捂"。只要宝宝的小手、小脚摸上去不凉也不热，那就最合适了。不过，宝宝的小肚皮比较薄，容易着凉，所以，最好给3岁前的宝宝戴个兜肚，哪怕只有一层布也好，尤其是在睡觉的时候。

（2）保护"脚心"。宝宝的小脚心是最不能忽略的地方。平时可以给宝宝穿少些，但是脚心一定要保暖。宝宝的脚丫虽小，但是分布着与成人一样多的汗腺，对温度十分敏感。如果脚心着凉，就容易引起呼吸道痉挛，诱发伤风感冒。

（3）注意安全。这个年龄段的宝宝爱动，喜欢爬高爬低，而且活动范围在逐渐扩大，不只待在家中了。这时，成人就要注意，在给宝宝选衣服时，除了色彩鲜艳容易引起成人注意外，最好衣服上少装饰，如帽衫、花边、带子、拉链等，以防宝宝在活动时被挂住拉倒，造成意外伤害。

（4）帽子易薄不易厚。宝宝头部汗腺发达，头部容易出汗，所以选择戴薄帽子，可以让汗慢慢地蒸发，如果用厚帽子把头捂住，突然摘掉时就容易着凉。

（二）保健要点

★免疫接种

宝宝3岁后应接种流脑疫苗第三针，预防流行性脑脊髓膜炎。

五、疾病预防

（一）常见疾病

1. 蛲虫病

蛲虫病是小儿常见的肠道寄生虫病之一，以肛门和会阴瘙痒为特征，并有轻微的消化道症状，常在集体机构中流行，影响宝宝的身体健康。该病分布于世界欠发达国家，发达国家的儿童中也很常见。

原因：吞噬了蛲虫卵，蛲虫卵在人体结肠内发育成熟，而致蛲虫病。

虫卵在皮肤或指甲缝内可存活 10 天，散落在尘埃中可存活 3 周。宝宝吃指甲或者吸吮手指将虫卵吞食，也可以经口鼻将虫卵吸入。虫卵进入体内，在消化道逐渐发育成熟。成熟的雌虫在夜晚宝宝睡眠后，就从松弛的肛门括约肌爬出，在肛门外和会阴部产卵。虫卵刺激皮肤引起瘙痒，当用手搔抓时，虫卵就附着于指缝内，再经口而自身感染。如果不重复感染，一般可以自愈。

表现：肛门和会阴部瘙痒，尤其在夜间瘙痒，直接会影响宝宝的睡眠。引起宝宝烦躁不安、夜惊失眠、夜间磨牙，还可以引起宝宝食欲减退、恶心、呕吐等症状。

夜间宝宝入睡 1 ~ 3 小时后，可在肛门皱褶或会阴部找到白色的细小线虫，或在大便中发现蛲虫。

防治：蛲虫病应以预防为主，养成饭前便后洗手的习惯。早晨起床后，立即用肥皂洗手，不吸吮手指，勤剪指甲、勤洗、勤换、勤晒内衣裤。玩具也要经常清洗消毒，避免重复感染。在托幼机构中，应对儿童和工作人员进行普查，发现患者，集体治疗。

2.流行性乙型脑炎

流行性乙型脑炎简称乙脑，是通过蚊虫为媒介引起的中枢神经系统的急性传染病，对儿童的健康危害极大。

原因：乙脑是由乙脑病毒引起，蚊子中的库蚊和伊蚊是主要的传播媒介。

乙脑病毒通过蚊子叮咬人或动物，而进入人或动物体内，使他们成为带毒者。蚊子再叮咬带毒者，乙脑病毒又进入蚊子血液中循环，造成大量带病毒的蚊虫。这些蚊子再去叮咬人，便引起了乙脑的流行。

乙脑的流行季节性很强，在我国每年的7、8、9月份流行。流行地区中10岁以下儿童多见，尤其3～7岁儿童发病率最高。

表现：

（1）潜伏期：病症一般潜伏7～10天。

（2）初热期：约1～3天。有发热头疼、嗜睡、呕吐等症状。有的患儿有腹泻，体温逐渐上升。

（3）高热期：一般持续5～7天，持续高热40度以上，嗜睡、意识模糊，全身抽搐甚至昏迷，进而发生呼吸、循环衰竭。

（4）恢复期：多数患儿两周内退热，神志逐渐清醒，但反应迟钝、睡眠不安、肢体痉挛、震颤、失语、失明等。大多数患儿经过治疗可以恢复，凡经过6个月没有恢复者，会留有后遗症。

（5）后遗症期：患儿留有神经精神症状，可见智力减退、肢体强直。

防治：对乙脑的预防重点是灭蚊和预防接种。预防接种要在流行前按乙脑疫苗的规定进行接种。在治疗方面，迄今没有特效疗法。我国由于中西医结合的方法不断改进，使乙脑的病死率有所下降。乙脑是急性重症传染病，因此对危及生命的症状，如高热、惊厥、呼吸衰竭、循环衰竭要及时进行处理。

3. 脑瘫

在产前或围产期，由多种因素引起的非进行性、中枢神经运动功能障碍。在出生后数月或婴幼儿时期便可出现伴有智力低下、惊厥、听力视力障碍、学习困难等症状。

原因：

（1）各种直接或间接原因造成胎儿或新生儿窒息、缺氧，引起中枢神经系统损伤。

（2）颅内出血和产伤。由于产伤或出血性疾病引起的颅内出血或颅内其他部位的损伤。

（3）感染。在胎内由母亲传给胎儿的感染，如风疹、巨细胞病毒感染、弓形虫病等，都可以影响胎儿或新生儿的中枢神经系统。

（4）早产。脑瘫以早产儿多见，可能与早产儿易发生缺氧和颅内损伤有关。

（5）妊娠早期。孕妇缺乏营养、放射线照射、糖尿病、服用药物等因素。

（6）其他。如核黄疸、颅内畸形、脑积水等都可以引起脑瘫。

表现：根据运动障碍的表现，分为几个类型：

（1）痉挛型：最常见的类型之一，多为双侧性瘫痪。常因抬头和坐立困难而被发现。

①肌张力增强，啼哭时全身肌肉强直，背弓向后方。

②下肢症状较重，卧位时双下肢内收互相交叉，直立迈步时，双下肢伸直交叉摩擦，足跟悬空，足尖着地，呈"剪刀步"。

③上肢症状较轻，肘关节屈曲内收于胸前，手腕和手指关节也屈曲。

④轻症者只是下肢轻瘫，步态不稳，手动作笨拙。

⑤痉挛型脑瘫可伴智力低下，程度与瘫痪的轻重大致相平行。上下

肢皆瘫者智力低下较明显，仅两个肢体瘫者智力多数正常。

（2）运动障碍型：表现为不自主、无目的、自己不能控制的动作。

在婴儿时期肌张力较低，到儿童时期表现为手足徐动。此症状智力低下多不明显，但讲话常较费力。

（3）共济失调型：主要病变在小脑，婴幼儿期表现为肌张力低下，甚至不能坐立，动作不协调，两岁左右出现震颤、步态不稳，肌腱反射低下。

（4）混合型：指以上两种或两种以上并存。智力低下在此症状中多见。

防治：加强孕妇以及围产期保健，预防早产、难产。分娩时预防窒息及颅内出血，及时处理高胆红素血症。

无特殊药物治疗，对瘫痪的肌肉进行功能训练，对运动、语言、认知、社会性等方面根据其心理年龄进行有针对性的教育训练。注意儿童心理健康的发展，加强对成人和社区进行"早期干预"的宣传教育。

（二）情绪行为问题

★屏气发作

屏气发作又称呼吸暂停症，是婴幼儿时期一种呼吸方面的神经官能症。

原因：与患儿自身气质和养育方式有关。常在受到惊恐或有不合意的事情时发生。部分患儿有缺铁的现象。

表现：每遇发怒、惊恐和不合意的事情，患儿忽然开始哭叫，随之出现呼吸加深加快，并伴有呼吸暂停，口唇青紫等症状。重者全身强直，出现短暂的意识丧失，甚至发生昏厥、四肢肌肉抽搐等，其后肌肉弛缓，恢复原状。轻者约半分钟左右，最严重的可持续2～3分钟。

发病年龄最多见于2～3岁的宝宝，6个月前很少发生。5～6岁后大多自然缓解，不再发作。

防治：家长们不必紧张，此症可痊愈。但家长要重视家庭关系的处理，解除精神紧张因素，减少家庭冲突。避免溺爱孩子，一般不需要药物治疗。

（三）意外伤害

★外伤引起的化脓感染

原因：外伤后如果消毒不彻底，残留的细菌在伤口繁殖，引起感染化脓。即使是微小损伤，如刺伤、擦伤等也会引起感染。

造成伤口感染的因素有：

（1）污染细菌的数量和毒性。

（2）有无异物，异物的性状和多少。

（3）伤口内失活组织多少、死腔大小等。

（4）受伤部位的血液循环。

（5）机体的防御能力。

表现：外伤感染时，伤口局部出现红肿、发热、疼痛。由于肿胀和疼痛使得活动障碍。伤口可见分泌物或有脓液流出，严重者周围组织发生肿胀，局部淋巴结肿大，还可能伴有压痛。甚至可引起全身反应，出现发热、白细胞增高、胃肠道不适等症状。

防治：防止外伤后伤口感染的发生，要做到：

（1）及时正确地处理伤口，包括：反复冲洗伤口，对周围皮肤进行消毒，彻底止血，清除异物和死去的组织，必要时切除伤口边缘组织，缝合伤口。

（2）对污染较重、失活组织较多的伤口，需用抗生素预防感染。

（3）保持伤口及周围的清洁与干燥，定期换药。

六、运动健身

身体健康对于孩子的成长至关重要，一方面要保持强健的体格，另一方面要更好地发展运动的协调性。人类各项神经活动的发育均有一定的规律。大运动能力的发展不仅反映宝宝的身体健康状况，同时也能反映出智慧发展的水平。大运动的发展是语言、认知等各项智慧发展的基础，大运动的发展带动了其他各个领域的发展。因此，为了能使孩子的身体更加健壮，运动能力得到更好的发展，成人首先要了解各个月龄宝宝的运动能力所能达到的水平，并以实际水平为基础帮助宝宝发展大运动，以促进他们的动作技能和协调性的发展。

（一）大运动发展的规律

一般来说，大运动是指全身姿势、平衡协调运动，以及技巧动作。运动的发展遵循着从上到下、从近到远、由大到小的发展规律。

从上到下：宝宝最早发展的动作是头部的动作，其次是躯干，再次是四肢，最后是手和脚。任何一个宝宝在身体动作发展过程中，总是先学会抬头，然后是翻身和坐，接着是使用手臂，最后学会使用手和足部运动，从爬行到能够直立行走。一个不会抬头的孩子，就一定不会走。

从近到远：宝宝动作的发展是以身体中部为起点，越接近躯干的部位，动作发展越早。以上肢动作发展为例，肩和上臂的动作首先发展成熟，其次是肘、腕的动作发展，手和手指的动作发展最晚。

由大到小：宝宝先学会由大肌肉收缩引起的大幅度的粗大动作，之后才学会由小肌肉收缩引起的精细动作。

大动作的发展既有连续性，又有阶段性。动作的发展是按照一定顺序出现的，每个动作的出现都有一定的时间范围。由于神经系统的成熟有一定的顺序，肌肉活动的发展有一定的顺序，那么动作的发展必然遵循一定的顺序，没有前边的动作，就不会有后边的动作。

婴儿大动作发展的大致顺序如下：1个月的婴儿俯卧时尝试着抬头；2个月的婴儿竖直时可以抬头；3个月的婴儿俯卧时能以肘支起前半身；4个月的婴儿扶着两手或髋骨时能坐；5个月的婴儿能伸臂抓住玩具；6个月的婴儿扶着两个前臂可以站得很直；7个月的婴儿会爬；8个月的婴儿会独坐；9个月的婴儿扶着栏杆可以站；10个月的婴儿推小车可以走两步；11个月的婴儿牵一只手可以走；12个月的婴儿会自己站；13～14个月的婴儿能够独走；15个月的婴儿可以蹲着玩；18个月的婴儿会爬小梯子、上台阶、扔皮球；2岁的婴儿能够双脚跳离地面；3岁的婴儿会骑小三轮车等。

只有把握住婴儿动作发展时间和顺序规律，才能实施有针对性的科学的健身运动训练。

（二）2～3岁宝宝运动健身训练要点

两岁以后，宝宝的运动技能增强了，身体也更加强壮了。这时候成人更要注意宝宝体能的训练和协调性的发展。2～3岁时宝宝已经学会了跳高、跳远，有方向地踢球，听指令跑。从爬楼梯到可以扶栏杆上楼梯，再到两步一台阶独立上楼梯，眼看着宝宝的能力在提高。

有些宝宝刚刚会走就开始跑了，成人很不理解。其实不是宝宝自己想跑，而是他的平衡能力较弱，还不能够控制自己的行走节奏，为了保持平衡，宝宝会加快速度往前冲，看起来像是在跑。成人要加强宝宝平衡能力的训练，宝宝很快就能够越走越稳了。

当宝宝已经能走得很稳的时候，跑的能力也自然发展起来。开始时，宝宝只是能够跑起来，如果想停下都很难。因此，在训练时，一般是将宝宝放到一个安全的位置，让他朝着成人的方向跑，当宝宝扑到成人怀里的时候，就停下来了。逐渐地，宝宝学会了控制自己的节奏，能够自由地跑跑停停。这时候，成人就可以有目的地发出指令来训练宝宝的控制力，让他跑，他就跑；让他停，他就停。

2~3岁的宝宝开始喜欢跳了。开始时，成人要让宝宝练习从高处往下跳，把宝宝放到一级台阶上，让他练习双脚同时往下跳。成人先示范，让宝宝模仿。成人一定要注意保护宝宝的安全，开始练习时，尽量不要让宝宝摔跤，以增加其自信心。宝宝逐渐开始有意识地用力向上跳，但脚还不能离开地面。经过多次的练习以后，宝宝能够一只脚偶尔离开地面。这时候，成人要经常拉着宝宝的双臂，带宝宝练习双脚跳，让他感受双脚离开地面的感觉，帮助其尝试自己用力向上跳，并且能够双脚同时离开地面。

爬楼梯是宝宝里程碑式的行动，这对宝宝的体能和身体协调性都有很高的要求。成人在宝宝1岁多的时候就应该经常将宝宝放到有楼梯的地方，让他玩，并尝试一级一级往上走。当宝宝很熟悉楼梯的结构和空间的时候，自己就会模仿成人上楼梯。但一开始由于体能和恐惧的心理因素，宝宝必须扶墙、栏杆或者成人的手，才能一级一级往上走，他会逐渐尝试松开手自己独立往上走。成人在保护宝宝安全的同时，一定要给予宝宝充分的机会练习，直到宝宝能够独立上楼梯。

经过两三年的努力，宝宝的运动技能会不断增加，这与宝宝经常的游戏是密不可分的。孩子是在游戏中成长的。通过各种各样的游戏，宝宝身体的协调能力提高了，身体也更加健康了。

运动健身游戏

1. 飞上天

目的：锻炼宝宝的平衡感。

方法：

（1）爸爸在宝宝的一只脚上放一张"机票"（彩色纸片），鼓励宝宝将脚抬起，等儿歌停止时再放下脚来。（附儿歌："飞机起飞了，飞过了高山，飞过了大海，飞机降落了，大家请坐好。"）当宝宝听指令完成游戏后，爸爸可以用自己的脚抬起小宝宝开飞机，宝宝双臂可抱住爸爸的腿，妈妈要做好保护。此时的宝宝会特别快乐，游戏可以轮流进行，宝宝开一次，爸爸开一次，还可以两只脚交替进行。

（2）妈妈准备有节奏的音乐和小鸟图片。首先要出示小鸟图片，问宝宝："这是什么？小鸟有什么特殊的本领？你会飞吗？"请宝宝来飞一飞。妈妈示范打开双臂，一上一下做鸟飞的动作。然后给宝宝挂上小鸟胸卡，说："宝宝胸前也有一只小鸟，我来做鸟妈妈，宝宝来做鸟宝宝，我们一起打开翅膀做小鸟飞。"妈妈带宝宝一起学小鸟飞。当宝宝熟悉后，播放音乐，妈妈带宝宝一边听音乐，一边有节奏地做小鸟飞。妈妈说"鸟妈妈飞着找食物去了"，模仿鸟飞的动作扮找食物状，宝宝跟随妈妈一起游戏。要根据宝宝的体力适当休息，休息时妈妈与宝宝交流："刚才和妈妈一起飞到哪里玩了？"

2. 学开车

目的：教会宝宝骑小三轮车，锻炼宝宝的手臂力量。

方法：

（1）成人和宝宝一起坐在地垫上，双手撑地放在身体的两边。双腿屈膝，两手用力支撑起臀部，一点点往后移动。告诉宝宝：我们在倒车，慢慢地向后倒。再屈膝，手往后放，小屁股用力抬起来往后坐。多次训练宝宝坐着倒退，以锻炼宝宝的手臂力量，同时让宝宝认知倒退的概念。

（2）宝宝也能变成小推车。让宝宝俯卧，两手掌平贴在地垫上，手背伸直撑住身体，成人左右手扶住宝宝的脚踝，让宝宝双手当双脚在地垫上前进，先慢一点、平一点，在宝宝适应后可以抬高宝宝的双腿，让其爬行。每次时间不宜长，防止有的宝宝害怕。应在宝宝力所能及的情况下进行练习。

3.小脚和大脚

目的：分辨大和小，发展宝宝动作的协调性及行走的平衡性。

方法：

（1）成人跟宝宝光着脚比比谁的脚大，谁的脚小，要用形象的语言讲述宝宝的小脚踩在成人大脚上走路的情形，以激发宝宝对活动的兴趣。让宝宝的小脚踩在成人的脚上，同时成人的大手拉住宝宝的小手，边走边说儿歌。

大脚和小脚

小脚小，大脚大，

小脚碰大脚，对面点点头。

小脚踩大脚，是对好朋友。

好朋友，向前走，

走呀走，走呀走，

立一立，立一立，

倒着走，倒着走，

大家一起拍拍手。

成人还可以带宝宝到户外跟其他小朋友的家长比赛游戏，以增加其趣味性。

（2）让宝宝穿上爸爸的大拖鞋、大旅游鞋行走一圈，体会一下行走时的感觉。再让宝宝穿上妈妈的有点高（2厘米）的坡跟鞋，成人牵着宝宝慢慢走一圈，让宝宝感受一下爸爸的鞋和妈妈的鞋有什么不同。然后将爸爸的旅游鞋和宝宝的小鞋放在一起，让宝宝比比谁的鞋大，谁的鞋小。再用小手提一提，谁的鞋重，谁的鞋轻。让宝宝在感觉中认知大、小、轻、重的概念，也训练宝宝在不同情况下行走的平衡性。

特别提示： 游戏中注意保护宝宝的安全，走的速度不要过快。

4. 玩球

目的：促进宝宝手、脚的协调，学习与别人配合及拍球的技能。

方法：

（1）追球。成人把球滚到远处，让宝宝去捡正在滚远的球。宝宝会乐意跑去追着把球捡回来。然后让宝宝半蹲着，双手准备好，成人把球滚到宝宝面前让他接球。渐渐地，再让宝宝学习接滚到自己身边的球或离自己有一段距离的球。用一条旧头巾或毛巾，成人和宝宝分别握住毛巾两边双角，将球放在撑开的毛巾内。两人一起摇晃毛巾，使球在毛巾内滚动，或者用力让球在毛巾上弹起再用毛巾接住。两人动作要互相配合，否则球会滚到地上。宝宝学会玩球的方法后可以两个宝宝共同玩耍。逐渐地训练宝宝能接住从地面反弹起来的球。经过地面的缓冲反弹起来的球比抛来的球速度降低，较易于接住。

（2）拍球。用儿童拍的皮球，让宝宝滚着玩、扔着玩，激发宝宝拍球的兴趣。成人示范将皮球抛向地面，当球蹦起来以后赶快移动脚步用一只手的手掌向下拍球。在左右手反复练习的过程中，指导宝宝慢慢掌握向下抛球、向下拍球的力度。

（3）抓接球。成人示范拍一下球，用双手抓接跳起来的球，重点给宝宝讲用双手抓接的方法，不要往怀里接，然后鼓励宝宝练习，开始用20厘米的球，熟练以后再抓接网球。

5. 跳一跳

目的：训练宝宝双腿离地弹跳，并能跳过一段距离。

方法：

（1）成人扶宝宝双手从楼梯最下一级台阶跳下。这是宝宝学习下楼梯能胜利到达终点时，为了表示胜利经常要扶住成人双手跳下的最后一步。熟练之后宝宝自己扶栏杆就能跳下最后一级。在父母领着宝宝去散步时，宝宝也要在父母各牵一手时往前跳出远远一步。宝宝有过从最下一级台阶向下跳和双手牵拉跳的经历之后，逐渐学会双脚离地弹起身体向前方跳跃的本领。

（2）在户外用小石子或棍子在地面画一条"河"，宝宝从"河"的一边跳到"河"的对岸。开始练习时只需跳过一条线，根据宝宝能跳远的距离可每次将"河"增宽5厘米，并记录宝宝能跳远的宽度。冬天可以在室内练习，可用粉笔画在水泥地上，或放两条绳子在地毯上，把"河"的距离增宽，看看宝宝能跳远的距离。

> **特别提示：** 父母各牵宝宝一手向前跳远时要喊口令："一二三，跳！"三人的动作同步。如果不喊口令，父母双方用力不一致，宝宝的手腕在使劲的一侧，易于因过度受力而导致宝宝受伤。

（3）在户外平地上放一块砖头（或选择5～10厘米高的台阶），让宝宝双脚站在上面，成人面向宝宝站立。游戏开始时，请宝宝双臂侧平举，鼓励宝宝双脚并拢勇敢地跳下。成人要在前面注意保护宝宝，让宝宝身体保持平衡，动作可以反复多次练习，直到宝宝双脚并拢跳下，并能站稳。宝宝每次跳下成功后，都要及时赞扬他勇敢。还可以让宝宝摆一个小姿势表示胜利，这会让宝宝感到特别开心。

（4）这个游戏可以放在带宝宝出门走路的时候，在有台阶的地方或在便道上，让宝宝站好，鼓励宝宝双脚并拢、双臂自由前后摆动跳下。还可以利用户外活动的时间享受日光浴，让宝宝在愉快中得到锻炼。

> **特别提示：** 宝宝开始学习双脚并拢跳下时，身体不易保持稳定，成人要随时保护。针对活动场所，成人要有所选择，人员杂乱或影响他人行走的地方不能进行。

6. 同心协力

目的：让宝宝学会用手脚配合身体的力量，保持身体平衡，提升体力和控制运行物品的能力。

方法：

（1）骑摇马。开始由成人抱宝宝坐到摇马上，双手扶稳，双脚踏在踏板上。成人使劲摇让摇马动起来，并让宝宝双手扶稳维持身体平衡。熟练之后，教宝宝用一只脚踏上踏板，另一只脚跨过摇马，并扶稳，身体前后摇动，使摇马动起来。成人站在旁边观察保护。

（2）运轮胎。将报废的小汽车轮胎洗净后，竖起来让宝宝滚动。开始成人要协助宝宝，并教宝宝站在轮胎后面，左、右手在轮胎上交替推动，眼睛要看着前方，速度不要快，保持推得平衡。在宝宝滚动熟练后再加快速度。注意防止轮胎突然倒下压住宝宝某一部位，成人最好在旁边保护。滚动轮胎会带动宝宝快步行走、跑动，使宝宝手、眼、脚在活动中协调配合，以锻炼宝宝体力和控制运行物品的能力。

7. 顶沙包

目的：发展宝宝的协调和平衡能力。

方法：成人预先准备2～3个沙包。游戏开始，成人要进入情境给宝宝讲故事："小猴子说，他可以顶着沙包走过钢丝，而且不让沙包从头上掉下来！我们也来试一试，看一看小猴子是不是在吹牛！"成人先把沙包放在头上，沿直线脚跟挨着脚尖走"钢丝"，宝宝给成人喊"加油"。然后把沙包给宝宝，先让宝宝把沙包放在头上，自由地走动。请宝宝顶着沙包，沿直线走，慢慢再过渡到脚跟挨着脚尖走。宝宝能很好地顶住沙包了，就可以让宝宝和成人比赛，看谁走得快，并且沙包不从头上掉下来。

> **特别提示：** 让宝宝顶住沙包后，眼睛平视前方，不要把头仰得太高。要给宝宝胜利的机会，以增加宝宝的自信心。

8. 登高

目的：练习保持身体的平衡，训练宝宝上下肢的协调能力。

方法：

（1）成人牵着宝宝一只手、宝宝另一只手扶栏杆练习上楼梯。两岁时多数宝宝已能交替一步一步地上楼梯。住楼房的宝宝几乎天天练习，许多宝宝下楼梯时也学会扶栏杆一步一台阶交替下楼梯。但住平房的宝宝或由老人照料的宝宝练习机会较少，下楼梯时宝宝双脚要踏稳一台阶后再迈出一脚下到另一台阶。在宝宝练习下楼梯时，成人要在楼梯下2～3级台阶处等待接宝宝下楼。因为成人在宝宝前面会让宝宝有安全感，而且宝宝一旦头重脚轻向前倾倒时能及时扶住。如果成人在宝宝身后就难以扶稳了。

（2）将玩具和毛绒玩具放在高处。在成人的监护下，鼓励宝宝先学会爬椅子。开始宝宝爬不上时，成人可以托宝宝屁股一下，让宝宝能爬上去，再学习爬上桌子，站在高处将玩具取下。当宝宝取到玩具时，成人应立即表扬宝宝。

特别提示： 椅子、桌子要牢靠，成人要注意保护宝宝的安全。同时注意将宝宝有可能拿到的东西，如洗涤剂、化妆品、药品、易碎物品等收放好。

9. 老鹰捉小鸡

目的：训练宝宝在跑动中学会躲避，学会保护自己，学会合作。

方法：先给宝宝讲老鹰捉小鸡的故事。告诉宝宝老鹰来了，小鸡要藏起来，或者立即蹲下来将头埋下去，不让老鹰看见。然后和宝宝一起做游戏，成人和宝宝分别戴上老鹰和小鸡头饰，成人做老鹰飞起来扑向小鸡，一边飞一边告诉宝宝：老鹰来了，小朋友赶快蹲下。还可以在集体活动中，一位成人扮母鸡，让宝宝一个接一个牵着衣服跟在母鸡后面。游戏开始后，让宝宝们随老鹰的追逐和母鸡的保护左右跑动。速度一定要慢，在宝宝们适应游戏后再加快。训练宝宝懂得游戏规则，在快乐跑动中让宝宝学会躲避，学会保护自己，学会合作。

七、智慧乐园

新的生命具有巨大的潜在能力，从出生开始到会说话、会走路，短短2～3年的时间里，其能力就已经超过了地球上所有其他物种，这确实是生命的最大秘密之一。

心理学家在经过深入细致的研究之后得出这样的结论：人的最初两年是人生整个旅程中最为重要的时期。更有一些心理学家从儿童出生后3小时起，就对其进行特别的观察，从而得出"人的个性的巨大发展在出生之时即已开始"的断言。由此得出了一个结论：教育必须从出生开始。然而，在生命的最初几年，教育是什么？教育的内容是什么？教育是帮助儿童发展先天的心理能力。

（一）游戏是开发智力的最佳工具

由于内在生命力的驱使，使儿童产生一种自发活动，由于活动而不断地与环境相互作用，而获得经验、得到发展。但这种活动，我们往往称之为游戏。游戏对于儿童来说就是好玩，但是儿童的游戏会导致发展、促进学习，所以游戏是儿童发展和学习的过程。可以这样说：教育是环境，教育的内容是通过游戏进行的。

★游戏对促进儿童生理发展起着重要作用

通过游戏活动使儿童的中枢神经系统机能调整到最佳状态，从而可以调节大脑皮层过度的兴奋或疲劳。变化丰富、自由的游戏活动，能够经常改变姿势，使儿童不同部位的骨骼、肌肉轮流得以承担，紧张和松弛的状态得到轮换，同时使骨骼和肌肉得到充分的血液。

★游戏对促进儿童智力发展起着重要作用

儿童在游戏中可以发展各种感觉器官和观察力，可以获得解决问题的经验。游戏过程是多种心理成分参加的，是一个比较复杂的心理活动过程，它包括对物体间的关系知觉、表象匹配、转换操作等，对促进儿童的想象和思维的发展有非常好的作用。游戏活动的指令、要求还可以帮助儿童理解文字、发展语言，促进儿童思维概括抽象水平的发展。

我们要关注促进各种智能发展的具体措施，要善于发现每个儿童的长项和短项，给予充分的活动满足，促进协调发展。通过大量的由易到难，儿童能够接受、乐于参与的活动与游戏，让儿童在有兴趣的状态下游戏、活动，在无压力、无畏惧的环境下学习，这是开发智力潜能的重要原则。

婴儿期是人的大脑发展的关键时期，而大脑的发展是宝宝接受教育的物质基础。智力是大脑发育的集中表现，而游戏则是开发智力的最佳工具。聪明的家长可以寓教于乐，利用快乐的游戏教育宝宝，开发宝宝的感知、观察、注意、记忆、认知、思维、语言、想象以及生活能力等等，让宝宝在快乐的尝试和探索中获得心智的发展。

（二）2~3岁宝宝的智力开发

1. 语言

语言是人类特有的用来表达意思、交流思想的工具，是一种特殊的社会现象。语言是大脑发展状态和聪明程度的重要标志，语言文字是人类最重要的交际工具，因此，语言能力对儿童的发展至关重要。

2~3岁的宝宝已经基本能与成人对话了，要进一步开发宝宝的语言能力，就要帮助宝宝认识奇妙的语言世界，带他进入丰富多彩的语言环境。平时，成人在与宝宝说话时，要用眼睛看着他，语气要愉快，语句要简单，速度不要太快，最好有短暂的停顿。讲话的内容要结合眼前的事物，还要结合当前的活动或符合宝宝的兴趣。说话时，还要辅以相应的表情和动作，让自己说出的话生动有趣，易于被宝宝接受，以培养宝宝的语言感受能力。

2～3岁的宝宝有时还不能十分准确地表达自己的思想，成人要学会耐心地倾听宝宝所说的那些难以理解的话，尽力找出其真正想表达的词，然后给予恰当的回应。在生活中，还要给宝宝提供更多说话的机会，教宝宝学会命名物体、描述物体、表述事件、表达感受。

要丰富宝宝的语言能力，还可以通过各种语言形式去培养。比如，教宝宝学儿歌、背唐诗、说绕口令等。教宝宝学儿歌，是发展语言能力的一个好方法，因为儿歌押韵、上口，又有简单的故事情节，宝宝会背的同时也易于理解，所以他对儿歌会很感兴趣。并且，押韵的词可以帮助宝宝记住相似的声音，押韵和重复还可以保持宝宝的注意力。

3岁前是宝宝语言能力开发的关键期，同时也是宝宝学习外语的最佳时期。一些教育专家认为，在宝宝学习语言能力最强的婴儿期，给他除汉语以外的其他语言的熏陶，让宝宝潜移默化、自然而然地接触外语，熟悉外语。这个过程，对宝宝将来入学后学习外语的效率和结果会有很大的帮助。

2. 认知

认知能力是一种抽象的学习行为能力，但却是开发宝宝智力的重要途径。促进认知能力的发展，可以提升宝宝的学习能力，理解社会中的主客观关系。随着宝宝对周围世界的不断认知，其对外界生活的适应能力也逐渐增强。所以成人一定要重视。

2～3岁阶段，宝宝的智能发展与认知能力是相当惊人的，所有的刺激对他来说，都愿意接受和体验，透过各类的经验积累，宝宝的感知越来越丰富，为建构出全方位的智能结构奠定了基础。这时的宝宝似乎已经变成了小大人，有自己的想法，对周围的事物有了基本的认知，并能独立完成一些力所能及的事情。

这个时期的宝宝清楚自己是男孩还是女孩；能够认识基本的颜色，能够说出红色、浅红色或深红色等；对形状也比较敏感；对季节有了感知，能区分冬天和夏天；能把物体和名称联系起来；可以根据给出的物体数数，开始尝试按照数量的多少或大小进行排序。成人一定要适时地给宝宝提供各种机会，以锻炼他的认知能力。

这个年龄段的宝宝正是计数能力发展的关键期，成人要对宝宝多进行数量与数字方面的训练。可以让宝宝数生活中一切能数的东西，培养宝宝对数与量的理解能力。比如，可以让宝宝帮你布置餐桌，让他数一数共有几个人吃饭，和他一起为每个人准备餐具；给宝宝穿衣服时，教他数一数衣服上的扣子有几颗；让宝宝帮你整理衣物，按颜色分类，并数数同种颜色的衣服有几件等等。

兴趣是学习最好的老师。宝宝认知能力的培养，离不开兴趣的培养。因为只有宝宝自己愿意努力地去完成一件事情，他才能做得最好。成人要善于发现宝宝的兴趣，当宝宝对某件事情产生兴趣时，成人一定要积极引导他做好这件事情，帮助他获得成功感，以便能够保持长期的兴趣。培养宝宝的兴趣，也有很多方法，比如，扩展宝宝的视野，可以为其提供更多激发兴趣的机会；还可以将间接的兴趣变成直接的兴趣，有了直接的兴趣，才有内动力，促使宝宝主动地喜欢做一件事情。

爱玩儿是宝宝的天性，好奇和热情是宝宝的年龄特点。成人要根据宝宝的天性和年龄特点设计一些好玩的游戏，以激发宝宝对某一事物的兴趣。成人可以引导宝宝从游戏中获得兴趣，从兴趣中获得科学知识。有益的游戏不仅可以帮助宝宝提高兴趣，还可以促进宝宝认知能力的发展。

3. 精细动作

手部的精细动作能表达宝宝幼小心灵及其微妙的变化，它是宝宝接触、感知、认识世界的重要器官。在幼儿时期，手的运动是全身活动的一个环节。宝宝手的动作出现在语言发育之前，所以有人认为宝宝的手比嘴早"说话"，宝宝是通过自己的小手来认识世界的。

2～3岁的宝宝真的很"能干"。他们可以将玩过的积木放回到玩具箱中，可以将自己用过的毛巾挂起来，甚至可以自己洗小手绢或袜子，这些活动都跟宝宝精细动作的发展有关，表明宝宝控制小肌肉的能力越来越强了。做自己力所能及的事，不仅可以锻炼宝宝的精细动作，同时还可以培养宝宝的自理能力，增强宝宝的自信心。

这个时期的宝宝运笔能力也越来越强，能够在纸上画出简单的形状，像圆形、方形等，也能在纸上画出标记，螺旋线、曲线等，还能尝试画一些代表一定意思的画，如动物或小人等。宝宝的手指分化能力也逐渐提高，这时的宝宝已经可以折纸，并能折出简单的图形，还可以进行简单的泥塑等。

"心灵手巧，手巧心灵"这句中国古老的格言说的就是：如果一个人有智慧、聪明，那么他的手一定很灵巧。如果一个人有一双灵巧的双手，那么，他也一定很聪明。经过现代心理学的验证，幼儿期，幼儿精细动作的发展水平，的确可以从一个角度反映出其智力发展的水平。成人们千万不要包办代替，为宝宝把一切都准备好，一定要给宝宝提供尽可能多的机会来锻炼他的双手。经常活动的手指，不仅使宝宝手部肌肉的控制力灵活，更重要的是运动的同时可以刺激宝宝大脑的发育，从而促进其智力的发展。

益智游戏

◎语言能力提高训练

1. 动手玩一玩

目的：提高宝宝的说话水平，学说协商的话，认识物体的性质。

方法：

（1）一起玩。出示各种玩具，成人先示范，拿出一个玩具汽车，问宝宝："咱们一起玩汽车行吗？"然后鼓励宝宝也会用协商的语言，如："你的娃娃我可以玩吗？""咱们一起玩好吗？""行吗？"让宝宝体会不同的语调，并会说协商的话。在日常生活中，可以创造宝宝和其他小朋友在一起玩儿的机会，要经常鼓励宝宝会说协商的话，如："你玩汽车我玩娃娃行吗？""让我看看你的书可以吗？"同时培养宝宝与小朋友之间的友好相处。

（2）小手帕包什么。准备一块石头、一块木头、一块海绵、三条小手帕。三条小手帕上分别放上小石块、小木块和海绵块。让宝宝先掂一掂三样东西的重量，和宝宝一起认识这三样东西，并分别说出它们的游戏名称，然后用手帕将这三样东西一一包起来。再让宝宝掂掂重量，问宝宝："你拿的是什么东西？"宝宝说不出来的，可以问问宝宝重不重？能说出游戏名称最好，不能说出的，让宝宝按成人的指令分别把重的、轻的、最轻的东西一样一样拿出来。

2. 看一看，摸一摸

目的：通过眼、耳、鼻、舌等身体各感官的直接感受，调动宝宝的情绪，从而进行语言表述。学会用肢体（手势）表达问题，同时，增强宝宝的记忆和辨别能力。

方法：

（1）观察实物。让宝宝接触实物，如：苹果和香蕉。成人对宝宝说："宝宝，你看这个苹果可真大，大—苹—果。""香蕉真香呀，你闻闻香不香？"使宝宝在好奇、兴奋的心理状态下自然用语言表达出来。

（2）看图片。在看、读图片的过程中，成人要让宝宝记住每个画面的特征，如：看到长颈鹿时，对宝宝说："宝宝，这是长颈鹿，你看看他的脖子有多长呀。摸摸看，宝宝的脖子好短。""大象的鼻子好长呀，宝宝的鼻子呢？""小兔的尾巴和大马的尾巴，谁的长？"

特别提示：在日常生活中，成人要多给宝宝提供接触实物的机会，能让宝宝获得直接经验。

3. 讲故事

目的：培养宝宝对语言的理解能力和欣赏能力，知道故事的内容。

方法：先用录放机放出要讲的故事，让宝宝坐好后听故事（听的时候不要说话，要安静）。听完后成人要重复一遍故事的重点并提出一些问题，从回答问题中让宝宝重复故事的内容。故事要简单而有童趣。成人在总结时要注意语调和表情，尽量让宝宝加深对故事内容和情节的了解，以训练宝宝的注意力，培养宝宝能安静听5～10分钟。

4. 夏天、冬天

目的：让宝宝明确夏天、冬天和穿衣服的关系。

方法：准备两幅大一点的图画，一幅夏天、一幅冬天和两幅小的图画（夏天、冬天各一幅）。夏天太阳高照，树上长满了叶子，小男孩穿短裤，小姑娘穿花裙子。另一幅是冬天，树枝光秃秃的，没有叶子，小朋友穿着棉衣、戴着帽子、围巾和手套。成人为宝宝找出两张照片（一张夏天的、一张冬天的），先将两幅画讲给宝宝听，让宝宝知道，冬天很冷很冷，宝宝要穿棉袄，戴围巾、手套和帽子。夏天很热，宝宝出汗了，穿短裤、背心和裙子。让宝宝把自己冬天和夏天的照片分别贴在这两幅画的旁边，看宝宝是否贴得正确。总结夏天、冬天和宝宝穿衣服的关系。游戏要给宝宝一个明确的概念，还要让宝宝从穿衣服上去想象和区别季节的不同。

5. 下雨了

目的：加强宝宝的语言理解能力和启发宝宝解决实际困难的能力。

方法：准备好小伞、草垫、塑料小盆。成人先用一幅下雨的图画，告诉宝宝：下雨了，衣服、头发要被雨淋湿。问宝宝："这时该怎么办？"当宝宝回答打伞时，成人可撑起一把小伞。再问宝宝："如果没有伞怎么办（把小伞藏起来）？"如果宝宝回答不出来，成人可以用草垫顶在头上，两手把草垫两边卷起来遮住衣服，还可以拿起小盆举在头上挡住雨水。在成人讲解示范完成后，让宝宝做好准备，在一个塑料瓶盖上扎两三个小孔，瓶中装上水，然后用力挤瓶，把水洒出来变成下雨状，同时提醒宝宝拿起身边的任何物品遮住身体，以免被雨淋湿，观察宝宝的反应和动作。

> **特别提示：** 这个游戏可训练宝宝的快速反应能力，找到能挡雨的工具可以是伞，也可以是草垫、盆，启发宝宝解决困难的多种方法。

6. 能吃的与不能吃的

目的：让宝宝知道什么东西不能吃，培养自我保护意识，提高宝宝的生活能力。

方法：成人和宝宝各自说说自己喜欢吃的食物之后，拿出一些实物，让宝宝看看都有些什么物品，说一说这些物品什么能吃，什么不能吃，为什么？成人出示符号卡片"√""×"，让宝宝理解所代表的含义，能吃的实物用"√"代表，不能吃的实物用"×"代表。再请宝宝分别说出实物的游戏名称和能否食用。成人先示范操作几个物品的分类摆放，说出能吃的实物放到符号"√"下面，不能吃的实物放到符号"×"下面，引导宝宝完成其他物品的分类摆放。教育宝宝不能吃的东西千万不要吃，否则就会把肚子吃坏，造成严重的后果。

> **特别提示：** 如果不能准备实物，可以用卡片代替。

◎认知能力提高训练

1. 看图认物

目的：增加宝宝语言的词汇量及理解能力。

方法：

（1）认动物。成人先准备好简单的和复杂的两组图片。在宝宝认、说图片前，要先让宝宝翻看图片。图片中的内容，简单的表现形式，如：鸡、鸭、鹅、鸟、虫、鱼等；复杂的表现形式，如：小河、桥、行人、房屋、树木和动物等。翻看图片时，成人先选择宝宝熟悉的事物说给宝宝听，引起宝宝跟着学说事物名称的兴趣。

（2）认职业。成人准备好"解放军""医生""警察""厨师""建筑工人"等图片，先将宝宝身边熟悉的不同职业的人物图片，分别拿给宝宝观察、认识，引导宝宝了解不同职业的工作内容。还可以在宝宝的日常生活中，随时随地有意识地引导宝宝观察认识身边的不同职业人员的服装和工作内容。例如：生病时到医院看病，引导宝宝观察医生、护士的服装和了解他们的工作内容；坐公共汽车时，观察司机、售票员的工作服装和工作情况；到超市和商店去买东西，观察售货员的工作服和工作情况等等。

> **特别提示：** 给宝宝图片时，要从简到难，从熟悉的到不熟悉的。先教宝宝关注事物的外在特点，使宝宝逐渐认识其内在的工作特点。

2. 认识图形

目的：让宝宝学习辨认正方形和三角形。

方法：

（1）出示形板，将几何图形块拿出来，给宝宝空板，用游戏的口吻鼓励宝宝将手中的圆形、正方形和三角形分别放入空板中。例如：成人说："请宝宝把圆圆（圆形）送回家吧！""再把方方（方形）、三角（形）也送回家吧！"宝宝放对了以后，成人要拍手说："真棒！"鼓励宝宝的成功。

（2）准备各种剪下的图形，鼓励宝宝从中选出正方形和三角形，再拼成小房子，然后粘贴在一张白纸上，让宝宝告诉成人小房子都是用什么图形拼成的。例如："小房子的顶是三角形的。""小房子的房间和窗子是正方形的。"

3. 识别颜色

目的：让宝宝知道色彩的游戏名称，运用听和实物的对比，增进其对黑色的感知和认识。

方法：成人准备多种带颜色的玩具（玩具最好是单色的）。开始时，宝宝识别不了很多颜色，成人应先从身边熟悉的、常见的色彩中逐步让宝宝识别。先用口令指示宝宝找物品，"宝宝，把我的黑皮鞋拿来。黑皮鞋，黑——色。"再找几样黑色的物品放在一起对比给宝宝看，"宝宝，你看黑头发、黑皮包。"成人平时说物品时应尽量说出颜色，如：用宝宝红色的小碗盛米饭，绿色的小碗装蔬菜等等。

> **特别提示**：在日常生活中家庭成员要有意识地指导宝宝识别色彩。

4. 认识大小

目的：训练宝宝辨认形状，认识大和小。

方法：

（1）成人准备将花生豆和黄豆混在一起，放在盆子里，让宝宝先捡其中一种豆。例如：先把大的花生豆捡出来，剩下小的黄豆；或者先捡小的黄豆，剩下大的花生豆。还可以同时将两种豆豆分别放在两个碗里，提醒宝宝不要放错。比赛捡豆豆，可以两个人或几个人一起分别捡大的豆或小的豆，鼓励宝宝看谁捡得多，捡得对。

（2）拿出生活中一对对大、小不同的物品和图形图片，引导宝宝将其重叠比大、小。例如：两个圆卡片重叠比大、小，两块圆饼干重叠比大、小，两块方手绢重叠比大、小，两件衣服、两双袜子，成人和小孩儿的手、脚，盘子、碗、书本等，生活中许多物品都可以用来让宝宝重叠比大、小。

（3）准备好大、小不同的球，大、小不同的洞洞，让宝宝练习投球，从而让宝宝体验到大球投大洞洞中，小球投小洞洞中。当然小球也能投进大洞洞中，而大球投不进小洞洞中，引导宝宝巩固对大、小的认识。

（4）利用宝宝的生活经验，在没有看见实物或图片时，也能说出物体的大、小来。例如："公共汽车大，小汽车小。""西瓜大，苹果小。""皮球大，乒乓球小。""爸爸妈妈的鞋大，宝宝的鞋小。""电视机大，收音机小。""大树大，小树小。"等等。

> **特别提示**：宝宝操作的环境最好不要太光滑（应在毯子、地垫上），避免豆豆散落。

5. 认识长短

目的：训练宝宝辨别物体的长短。

方法：准备一支长铅笔、一支短铅笔、一支钢笔、一支彩色水笔，互相进行比较，引导宝宝辨别出长短来。例如：长短铅笔比较，长铅笔同钢笔比较，长铅笔同彩色水笔比较，钢笔同彩色水笔比较。引导宝宝能辨别出："长铅笔长，短铅笔短。""（长）铅笔长，钢笔短。""钢笔长，彩笔短。""铅笔长，彩笔短。"等等。

6. 数一数

目的：提高宝宝创造画面的兴趣，同时在制作中让宝宝学习数数，学习数的概念。

方法：

（1）蝴蝶飞来了。准备蝴蝶贴纸。用一张大的白纸画上草和一些花，颜色要简单一点，以绿和红为主。给宝宝几个花蝴蝶贴纸，让宝宝将蝴蝶撕下后一个一个地粘贴在小花的旁边，一边粘贴一边数数：飞来一只蝴蝶，飞来两只蝴蝶……又飞来一只。粘贴完后和宝宝一起数一数，一共飞来几只蝴蝶。

（2）空画数字"1"。

①成人与宝宝一起做游戏。当成人拿出一样东西让宝宝用语言说出是几个什么，并用手指比划出来。例如，成人问"这是几个什么"，宝宝说"这是1块糖"，同时竖起食指比划出"1"来。然后成人用笔写出"1"来，让宝宝也学着写"1"，同时也懂得"1"就代表一样东西。

②成人伸出食指，请宝宝回答是"几根"。然后示范笔画顺序：由上到下一笔到位，引导宝宝用手的食指空画模仿数字"1"的笔画顺序，同时，成人告诉宝宝："像什么？""像小棍。""1"与小棍的形状一样。

◎精细动作能力提高训练

1. 小手本领大

目的：训练宝宝手指操作时的平稳和成熟，强化大小肌肉运作时的协调能力。

方法：

（1）食品夹。成人预先准备两个小碗、冰箱里的冰盒，小馒头饼干、爆米花等小食品多种，然后出示小食品夹让宝宝看一看，说一说它有什么作用。成人拿出小食品，让宝宝说出其实物名称，并示范正确操作方法。用较慢的速度示范夹子的正确拿法，以及用夹子将小馒头饼干夹到冰盒中左边贴有标记的方格内，从上到下排成一列。再将另一种小食品夹到冰盒右边贴有标记的方格内，从上到下排成一列。夹的时候成人要故意让小食品从夹子中掉下来，放好再夹一次。全部放好后，再将小食品分别夹到两个小碗里。请宝宝动手操作，成人在一旁指导。注意引导宝宝夹的顺序：从左到右，从上到下，这也是阅读的顺序。以培养宝宝的耐心、专注力和秩序感，让宝宝掌握一一对应的方法。

（2）小鱼吃小虫。先制作小虫，用长形小纸条扭一扭，做成很多很多小虫，也可以将纸条折成弯弯曲曲的形状变成小虫。告诉宝宝，小鱼在河里游来游去饿了，它们要吃小虫。宝宝和成人一起为小鱼做小虫，做完后放在桌子上，给宝宝一个塑料小夹子（常用来夹晾衣服的小夹子，形状像小鱼状）和一个小碗，让宝宝用拇指、食指去张开小夹子。张开的小夹子像"小鱼的嘴"，夹住一条条"小虫"后，放到小碗里，左右手交替夹。

（3）做糖果。用广告纸裁成长6厘米、宽4厘米的长方形纸片，给小朋友10张纸片和10个红枣。包糖果前，先让宝宝看看真实的糖果，再让宝宝自己用手剥开，成人再当着宝宝的面把糖果包起来，告诉宝宝，我们把糖果全部包好后再吃。让宝宝先把一个红枣放在一张纸的中间，用纸把红枣裹起来，把两头的纸拧紧，糖果就包装完成了。然后让宝宝练习，操作过程中成人可以协助，但不能替代。尽量鼓励宝宝把10个红枣全部包完。最后将宝宝包好的糖果放在一个大玻璃瓶里，兑现承诺，奖励宝宝吃一粒真正的糖果，让宝宝体会糖果的甜美。

2. 穿一穿

目的：训练宝宝的手眼协调，手及手指的灵活性和耐心、专注精神。

方法：

（1）预先准备好一个胡萝卜，一次性筷子。将胡萝卜切成一小段一小段，再将边削圆，像糖葫芦一样。先用木扦给胡萝卜中间穿个洞，把5~6块"糖葫芦"装在碗里，再给宝宝一根一次性筷子，让宝宝把糖葫芦一个一个穿起来，要穿得整齐，一边穿，一边数数，看一共有几个糖葫芦。穿好后问问宝宝吃过糖葫芦没有，并告诉宝宝糖葫芦是酸酸的、甜甜的，可用面部表情来形容，让宝宝感受。

（2）准备一个穿孔玩具——小鸭，上有并排的12个小洞，让宝宝将这12个小洞依次穿过，左右手配合，从左到右，从右到左，不漏掉、不重复。成人先示范，告诉宝宝：小鸭身上有洞在水里就游不动。宝宝用绳子帮小鸭把洞套起来，全部套满，小鸭就有力量了，就可以游得很快很快，并提醒宝宝不要漏掉一个洞。培养宝宝耐心、专注地做完一件事。

3. 扣按扣

目的：锻炼宝宝的手眼协调能力，培养宝宝生活的自理能力。

方法：

（1）在一块布上先用彩色笔画出一些水果（黄的香蕉、红的苹果、绿的西瓜），分别在水果的边缘钉上按扣，可以多钉一些。先解开按扣，用小纸盒装好，让宝宝一个一个扣上按扣。扣好后再让宝宝用手指去解下，放在小碗里。检查是否全部扣上，全部解下，完成后要及时表扬宝宝。扣按扣能锻炼宝宝手指的灵活性和拇指、食指的力量，同时在完成游戏中能培养宝宝的耐心和专注精神。

（2）成人准备一个带按扣能穿脱衣服的娃娃。提前把娃娃的衣服脱下，出示娃娃，并说"咱们给娃娃穿上漂亮的衣服吧"，以吸引宝宝的兴趣。成人边示范操作按扣的方法，边说："今天娃娃过生日，要给娃娃穿上一件漂亮的新衣服，这件衣服上的扣子叫按扣。按扣一半在衣服的这边，有一个凹进去的小坑，一半在衣服的另一边凸出来一小点。把凸出来的这一点对准另一边凹进去的小坑，用力一按，衣服就扣好了。如果要给娃娃脱衣服，就要抓住衣服按扣的两边，用力一拉，按扣就分开了，衣服就可以脱下了。"让宝宝实践"给娃娃穿带按扣的衣服"，还可在自已的衣服上练习，在生活中随机练习。

4. 画线条

目的：训练宝宝的手眼协调及运笔画竖线、平行线的能力。

方法：

（1）画竖线。有条件时先让宝宝观察牵线的气球和实物糖葫芦、肉串等，知道气球上有一根线，肉串上有竹子穿肉，然后让宝宝在画有气球、糖葫芦的画面画上竖线，边说"给气球拴根线别让汽球跑了"，"把糖葫芦穿起来""把肉串穿起来"。鼓励宝宝把竖线画直，也可以画"门帘""下雨了""娃娃的头发帘""横放的牙刷"等，利用多种形式练习画竖线。

成人在白纸上画好等距离的红点，示范将其由上到下画下来。然后用游戏口吻说："给你一根糖葫芦吧！"随后要求宝宝也穿一串给成人吃。成人再在白纸上用红笔竖线摆排几条红点，让宝宝穿成几根糖葫芦。

成人在纸上用笔点画一个点，在其"点"下端10厘米处，再画上一个"点"，依这两个点作火车起点及终点，鼓励并指导宝宝用笔将起点连到终点，其中可用游戏口吻说：呜，咔嚓嚓咔嚓嚓，火车到站啦！用以增加宝宝对游戏的兴趣。

（2）画平行线。用实物吸引宝宝的注意力，让宝宝观察"面条""筷子"都是一根一根的，"牙刷"上的毛，也是一根一根的。然后把画好盘子、碗、杯子的画给宝宝，让宝宝在盘子里画上"面条"，在碗边画上平行放的两根"筷子"，在杯口画好的竖线上画上平行的"牙刷毛"。也可以让宝宝画其他东西，如画"小河""穿珠子"等。

5. 动手做一做

目的：让宝宝学习用小刀，并学会简单分割。

方法：

（1）切馒头。成人和宝宝一起玩做馒头，在成人的启发下把橡皮泥搓成长条，放在桌子上。把圆头的餐刀交给宝宝，告诉他右手握刀。握刀时先看清利口向下，左手固定要切的馒头，留出要切开的部位，将刀刃朝下使劲将馒头切开。

（2）捏面塑。准备一些面团或"培乐多泥"，成人同宝宝一起分别抓捏面团，成人一边捏一边说："这个面团真好玩！抓一抓，能变长；捏一捏，能变扁。它是我的好玩意儿。"以激发起宝宝的游戏兴趣。宝宝也一边说儿歌一边同成人一起玩面团，成人有意识地示范用双手拇指、食指、中指去捏扁面团，说："咱们捏个大饼吧。"让宝宝反复练习。当宝宝会捏扁面团以后再进一步引导宝宝捏"饺子"，把捏扁的面片合起来，重点用食指和拇指捏，也可以引导宝宝给娃娃做食品，以提高游戏兴趣。

6. 自制冰激凌

目的：训练宝宝手眼协调能力，培养宝宝的创造性。

方法：给宝宝一个小盘子，一支小牙膏。先问问宝宝有没有吃过冰激凌，冰激凌是什么味道，引起宝宝回忆。然后成人示范，告诉宝宝："今天我们自己来做冰激凌，先看我是怎样做的。"做好后让宝宝试做，先倒转牙膏，双手从上到下用力挤出牙膏，一层一层往上挤，下面挤多一些，面大一点，上面越来越少，越挤越高，层层叠叠，挤到一定高度制作完成（注意牙膏不要太大，宝宝小手好拿）。让宝宝双手用力要均匀，才能挤出连贯形状，手要一边挤一边圆圈状转，尽量不要挤到碗的外面。

八、情商启迪

哈佛大学心理学博士丹尼尔·戈尔曼说："孩子的未来百分之二十取决于智商，百分之八十取决于情商。"美国著名的企业家、教育家戴尔·卡耐基也曾说过："一个成功的管理者，专业知识所起的作用占百分之十五，而交际能力却占百分之八十五。"西方的一些心理学家各自从不同的角度对情商进行了研究。大量的研究结果显示，一个人在校学习成绩优异（智商高），并不能保证他一生事业成功，而一些情商很高的人则成功的几率也高。现实生活中，我们可以明确地感受到：成功的管理者或企业家都具有很高的情商。既然情商对人生的发展如此重要，而且情商是后天可以逐渐培养的，我们更应该根据婴幼儿发展的各个阶段的特点，为他们提供良好的情商塑造环境。

情商（EQ）是 Emotional Quotient 的英文缩写。它的汉语意思是情绪智慧或情绪智商，简称为情商（EQ）。情商是伴随着人的身心发展和交往活动的发展而变化的。在各个不同的年龄发展阶段，人们的情商发展水平和表现形式也不相同。如果能科学、及时、有效地培养孩子情商中的某些能力，则其他能力也会像滚雪球一样随之得到提高。越早培养孩子的情商，越有助于孩子社会交往能力的发展。

6 岁以前的情感经验对人的一生具有恒久的影响，一个儿童如果此时情商出现问题，以后面对人生的各种挑战将很难把握机会、发挥潜力。0～3 岁婴儿的情商培养尤为重要，了解自我和他人的情绪，控制情绪，表达与分享感受，解决冲突，人际沟通，敢于拒绝，接受改变，适应环境，分析、推测和决定事情的技巧等等这些技能，是将来成为品学兼优的孩子应该具备的素质之一。

（一）2~3岁宝宝的行为特征与情绪反应

1. 迈向成熟

和一两岁的婴儿相比较，两三岁的婴儿明显地在各个方面都趋向成熟，所有的行为都变得平和许多。他们比以前长大了，也懂事了，可以静下来做自己能做的事，但不会尝试超乎能力范围的事。他们的肌肉运动技巧也比早先成熟，不大会把东西掉在地上。他们逐渐能够很顺畅地用语言向他人表达自己的需要。三岁的孩子也不再漫无目的地乱跑、乱蹦，这时他有了自己的想法，做什么事情往往是有自己的目的性的。成人只要用心观察，就能体察到孩子的想法及情绪反应。

2. 活跃好动

这个时期的孩子看似有无限的能量，从来感觉不到累，他们会活蹦乱跳地参与到团体游戏当中，体验集体游戏的乐趣，也会独自一人玩自己认为有意思的游戏，并乐在其中。两三岁的孩子好奇心特别强，各种具有创造性的活动他都想尝试。成人们应该多给孩子提供游戏的机会，这是他们学习和放松情绪的最佳途径。

3. 参与社会活动

三岁的孩子已经能接受团体的指导，能对指导者提出的要求进行回应，乐于遵守游戏规则，在会话能力方面有进步，听话及说话的态度也都非常认真。这时成人应多给予指导，多带孩子参与社会活动，让孩子感受周围的环境，从而很快地适应环境。有时，为了博取孩子的信赖、尊敬和喜欢，成人要适当扮演保护者的角色。

4. 合作意识

这个时期的孩子集体观念觉醒了，很喜欢和同伴一起玩游戏。从行为上开始表现为平行游戏,如一堆儿的小朋友,原来是自己玩儿自己的,慢慢地他们发现,原来还可以一起搭积木,一起玩汽车。孩子们相互合作的意识就是在不断地参与和探索中培养起来的。

5. 生活习惯

尽管三岁的孩子思维能力还很有限,但却有着灵敏而丰富的感情。在生活习惯上有着明显的表现,如以前经常出现的危险动作减少了,说明宝宝基于危险动作带来的不良情绪体验,而学会了控制自己的行为。宝宝有大、小便时,自己能够上厕所或者用明确的语言告知成人,不需要像从前那样,宝宝要把不舒服的表情展现在脸上,表现出激动的情绪时,成人才来帮忙。因此,宝宝的生活变得更加从容了。

（二）2～3岁宝宝的心理特征与情绪反应

1. 情感萌芽

这个年龄段婴儿的情绪正处于迅速分化期,而情感才刚刚开始萌芽,婴儿的情绪常常会因达不到目的或被阻止而大怒,常用发脾气来争取达到目的。这时的婴儿开始发现自我,得到别人称赞时会因喜悦而笑;当被人责骂时,会表现出不高兴;见了陌生人会害羞;还会对人产生同情心和爱心。两岁后的宝宝社会情感开始萌芽,如知道抢玩具不对,感到难为情;将糖果分给别人吃感到高兴,这是道德感开始的萌芽。宝宝跌了跤能控制自己的情感不哭,这是理智感的萌芽。宝宝穿上了新衣新鞋感到高兴,是美感的萌芽。

2. 情感表达

2～3岁是婴儿掌握最基本语言的关键阶段。这个时期的孩子学说话既容易又迅速,尤其对听和说有高度的积极性,他们对语言的运用也比以往娴熟。他们会告诉你为何想要更多的东西，也心平气和多了。两岁大的孩子需求不再像往昔那么强烈，他们可以等一会儿，也更能忍受挫折。他们的人际关系，包括和自己以及他人的关系改善了很多。他们开始会关心、友爱他人，也会关怀朋友和家人。

在这个关键年龄期内，为孩子创造积极对话的语言环境，引导孩子用准确的语言表达自己的情感。这样，不仅能培养出一个伶牙俐齿、语言丰富的孩子，还能培养出一个会沟通、会交流的高情商的孩子。

3. 脑海浮现东西的形象

两岁后的孩子十分清楚橱柜里摆着许多好吃的糖果和饼干，即使橱柜不开也知道。像这种对物品欲望的产生常使成人感到非常困扰，这是婴儿心理发展阶段的必然产物。所以成人如果不想让宝宝吃的东西，最好不要让他看见你放在了哪里，否则他会自己去找的。

这时的宝宝也能对刚刚看到过或发生过的感兴趣的事情，用语言进行表达。例如：能告诉成人刚刚看到了一条小狗，还有在马路上奔驰的红色汽车等。这种表达是孩子内心的一种自然的喜悦之情。因此，这时无论成人有多忙，都要细心倾听，给予孩子积极的反馈，鼓励他持续下去。

4. 扩大模仿的范围

随着宝宝年龄的增长，其模仿的范围也逐渐扩大。初期是模仿眼前的一些事物，之后，宝宝一岁半就能开始模仿新奇的动作或表情，两三岁的宝宝，能将刚刚听到的话，立刻想起而加以模仿。此时宝宝的词汇急速积累，成人都会很开心。

不过，模仿的学习能力增强却不一定都是好现象。例如：当来访亲友的小孩发脾气胡闹时，父母还以自己孩子没那样胡闹暗自庆幸，然而到了第二天，就可能开始困扰于孩子的模仿。

总之，这个时期的孩子不仅能够立即模仿，也可以过后再加以模仿；不仅能模仿他人动作，而且无意中也会模仿成人的动作。所以，孩子即成为成人的镜子，成人好的一面和不好的一面都开始影响宝宝。

5. 反抗心理

一般的婴儿到两岁半时，就开始了第一个反抗期。这是婴儿自出生以来首次遭到的危急时刻。这个年龄段的宝宝反抗外来的一切，遇到什么都嚷着"不要、不要"。即使宝宝自己喜欢的事、物，只要经别人一提，他就马上不高兴。这种反抗的情形自两岁半起将持续半年甚至一年之久。

父母首先要了解孩子并非是故意抗拒外来的一切。实在是因为孩子由出生长到一岁再到两岁，身体的各项功能都在逐渐加强，到三岁时，有些事情自己可以动手去做了，但却经常受到各种干扰，在压抑的状态下，孩子就会产生反抗的心理。

（三）2~3岁宝宝的情绪管理

婴儿自两三岁时就开始形成所谓的"心灵世界"，但这"心灵世界"始终得不到成人的认同。对宝宝而言，他只想把自己的"心灵世界"、自己的想法向外界传达，这就是一种"意志"。不过，宝宝表现出来的这种意志往往受到家人的"不行""不可以""你瞧！又那样做了"等责备。由于宝宝的想法受到成人们的压抑，使他们产生了必须反抗的心理。对于这个时期的宝宝，不仅父母须格外了解、关心他，其他家人也应加以关注。

1. 克制需求

两岁半左右婴儿的体能和思想还不够健全，对于成人所生活的社会环境也浑然不知。但宝宝三岁时，自己的想法或要求一旦受到阻止，就感到不能满足。当然，感情也就变得不稳定，于是只好借着哭闹来泄愤。像这样每天的生活欲望得不到满足，对宝宝的性格形成有很大影响。但也不能认为孩子还小，就一味地满足其要求，否则，当不能满足需要时，孩子反而会手足无措，不知如何是好。

因此，在日常生活中不要过多地干涉孩子的行为，限制他做这做那，给孩子充分的自由空间。同时，也应该和他约定三四条规则，要求他务必遵守。例如：虽然有美味可口的点心摆在面前，也得先去洗手，然后才能吃。即使经过孩子喜欢的玩具店，也得要忍耐等到约定的日子才能买给他。父母应慢慢训练孩子克制需求的欲望，才不至于使孩子因欲望的不能满足而产生反抗的心理。

2. 规划作息时间

父母要善于利用孩子的习惯倾向，为他规划良好的作息时间。举例来说，如果能为两岁半的宝宝培养良好的就寝习惯，便可以解决每天叫他上床睡觉这个难题。

诸如此类的习惯还包括帮他脱衣服、洗澡、穿睡衣、刷牙，在门口荡秋千，带他进浴室、上床，睡前为他讲故事、拥抱并亲吻道晚安，最后为他关上灯，这些事要花掉你很多时间，尤其当你疲惫不堪时。但是，一旦它们变成固定的作息后，你就有可能让宝宝乖乖地去睡，而非敷衍他或强硬地要他上床睡觉。

两岁的孩子喜欢一成不变，喜欢重复做同样的事，任何变化他都很难接受。因此，尽可能允许他将玩具或私人物品放在原先的地方，家具也要摆在他希望放置的位置。这个年龄段的孩子要求每件事物都得在适当的时间里放在适当的位置，他也要求每天的作息有一定的秩序。总而言之，他喜欢凡事一成不变，让他感觉安全、舒适。

3. 转移注意力

成人要求宝宝做一件事情的时候，尽量不要用命令式的语气，要尽可能为宝宝留面子。不要硬邦邦地命令他，例如，要避免用"吃中午饭之前，你必须把所有的玩具捡起来"之类的说法，而应建议性地表达："现在让我们一起把这些玩具收起来吧！"如果他不愿意，你也不必坚持催他答应。最好的办法是改变话题或离开现场，尽量避免以强制强的情况。当他不愿意，而你又执意要他服从命令时，最后的输家往往会是你。遇到这种争执不下的情况时，你不妨转移他的注意力。

举例来说，假如宝宝不喜欢穿衣服，无论他愿不愿意让你为他穿衣服，你都要避免和他发生激烈冲突。也许你可以把他摆到一个很高的地方，一边和他谈论未来将发生的事，一边很快地帮他把衣服穿好。

要转移两岁半宝宝的注意力很简单，只要你和他说话即可。通常你和一岁半的宝宝交谈，可能会让他听得满头雾水。但是和两岁半的宝宝闲聊，即使他不能完全听懂，也能吸引他的注意力，至少你可以将他的注意力从先前的争辩中转移开来。

4. 防患于未然

许多成人发现宝宝开始乱发脾气时，最佳对策就是不理他。否则，一旦宝宝发现只要发脾气，成人就会满足需求的话，以后发脾气就成了他们最有力的武器。所以，尽可能让宝宝了解，发脾气不但得不到任何东西，甚至会失去成人的关心，这是很重要的事。

但是，针对宝宝乱发脾气的情况，成人最好还是能够防患于未然。

绝大多数的成人都知道宝宝每天在哪些时候或哪种情形下闹得最凶，因此，至少针对宝宝发脾气的状况，能想出一半以上的对策来，就能让宝宝离开这类会让他失控的情绪。

5.了解孩子的个性

到了三岁，有的宝宝开始有明显转变，对成人会百依百顺，他们喜欢做你要他做的事。如果宝宝能依照你的指令顺序重新说一遍，就表示他懂得你说的，而且他也会照做。这样的孩子头脑清楚，很清楚自己想要什么，就很容易作选择，而且会坚持到底。而有些孩子不能对自己要做的事情有很清楚的认知，要他自己选择也很困难。

成人也应针对不同个性的孩子，给予适当的空间。对于很清楚自己想要什么的孩子，可以让他们自己决定某些事情。而对于自己想要什么不十分清楚的孩子，成人要及时帮助指导，否则，只会加深他们的困惑。

在孩子不同的成长阶段里，如果你希望他的一言一行都如你所愿，最好你能适时修正管教方法，来适应他们每个成长阶段所具有的优缺点。而你越了解孩子在各个阶段的行为特征、心理特征，你的管教方法就会越有效地配合孩子的年龄和个性。

情商游戏

1.学说礼貌用语

目的：学习使用"谢谢""不客气""对不起""没关系"，培养宝宝与人沟通的能力。

方法：组织一群小朋友，成人出示各种玩具，让每个小朋友自己挑选一个玩具玩一会儿。成人先示范，跟一个宝宝说："咱们的玩具换着玩行吗？"宝宝"点头"表示同意或说"行""可以"，成人接着说"谢谢"，并引导宝宝说"不客气"，同时让宝宝懂得"谢谢""不客气""对不起"等文明用语的含义，应该什么时候说合适。

鼓励小朋友之间也要学说文明礼貌的话，练习说"谢谢""不客气"。如果小朋友之间不小心碰撞了，问宝宝应该怎么办？经宝宝说出自己的想法后，成人总结说"对了，要说：对不起"，"别人是不小心的，应该原谅，要说：没关系"，然后创设情景，如：小朋友之间"不小心踩了脚"，"不小心碰了一下"，让宝宝练习说"对不起""没关系"。在日常生活中，都要有意识地培养宝宝正确使用文明用语。

2. 叠衣服

目的：培养宝宝爱劳动的好习惯，帮助其提高自主意识，体会被人称赞的喜悦。

方法：洗晒的衣服干了，成人把衣服收回来，宝宝也会东抓一把西抓一把来"帮忙"，这时成人请宝宝帮着一起叠、收衣服。成人叠大衣服，宝宝叠小衣服。在叠的过程中，成人按照自己叠衣服的习惯方法，按步骤教给宝宝，待宝宝叠好后（可能不太规范）要及时予以表扬，并引导宝宝把衣服分放在不同的柜子里。

3. 择菜

目的：培养宝宝爱劳动的好习惯，帮助其提高自主意识，体会被人称赞的喜悦。

方法：成人在择菜时，宝宝非常感兴趣，在旁边抓来抓去，这时成人要利用宝宝的好奇心和兴趣告诉宝宝，这个菜叫"菠菜"，可以做汤吃，也可炒着吃，然后告诉宝宝择菜的方法并示范。鼓励宝宝帮助成人择菜，并及时予以表扬。

4. 玩彩球

目的：培养宝宝做事的持久性，保持情绪的稳定。

方法：宝宝坐在桌子旁边，成人把准备好的彩球和瓶子给宝宝，并对宝宝说："你看彩球多漂亮呀！这么多漂亮的彩球装进瓶子里，瓶子是透明的，肯定特别漂亮，你愿意做一个漂亮的瓶子吗？"成人告诉宝宝："你要把所有的小彩球都装进去，彩球多了更漂亮。"宝宝开始装彩球，成人在一边观察宝宝的表现，使宝宝能坚持装完20个彩球，装完后要立即表扬宝宝。

5. 说用途

目的：培养宝宝的认知能力，促进其更好地运用语言表达需要。

方法：找来一些生活中的日常用品，和宝宝一起做游戏。在教会宝宝能够正确地说出这些日常用品名称的时候，就可以进行下面的训练了。比如，拿出一个杯子，告诉宝宝"杯子是用来喝水的"，拿出一把木梳，告诉宝宝"木梳是用来梳头的"，拿出一支笔，告诉宝宝"笔是用来写字的"等等。宝宝会记住这些功能，并在生活中逐步体验这些功能。有一天，宝宝就会说："我要用杯子喝水。"

6. 给爸爸过生日

目的：培养宝宝的爱心，锻炼其动手能力。

方法：

（1）准备小碗、小盘及各种颜色的黏土、蜡烛。

（2）先告诉宝宝今天是爸爸的生日，爸爸去上班，我们在家里为他准备生日礼物。

（3）爸爸的生日要有蛋糕、面条、三明治和比萨饼。

（4）给宝宝一个小碗、三个小盘，让他用黏土做出礼物：细细长长的面条，圆圆扁扁的比萨饼（上面有各种颜色的肉），三层不同颜色的三明治，方方正正的蛋糕（蛋糕上要有花）。

（5）宝宝做好后，点上玩具蜡烛。爸爸回来了，让宝宝和爸爸妈妈坐在一起唱生日祝福歌。

7. 小草快快长

目的：模拟情感体验，培养宝宝爱护花草的情感。

方法：

（1）给宝宝做一顶头饰（小草）。

（2）先用一幅长着很多小草的画，给宝宝讲解："小草很小很小，刚刚从地里长出一点小芽。啊！下雨了，雨水淋到地里，小草喝到水了。不一会儿太阳出来了，照在小草身上，小草慢慢地长出来了，长高了，长高了。"

（3）让宝宝戴上头饰蹲下来，蹲得很低很低。用可乐瓶装上一点水，在瓶盖上扎一两个小孔，用力挤瓶使水从小孔里喷洒出来。告诉宝宝："下雨了，下雨了，小草喝到水了，很快乐。"再用手电筒照照宝宝，说："太阳出来了，小草快快长，快快长，长高了。"

（4）让宝宝慢慢站起来，两手合起往上举，举得高高的，站起来时扭扭小屁股，最后踮起脚尖儿，小草长大了。

8. 插红旗

目的：让宝宝学会顺序，学会团队合作，培养其竞争意识。

方法：

（1）准备几块大的硬塑料泡沫，若干小红旗。

（2）让孩子从一端跑到另一端，把小红旗插起来，行进途中设置一些障碍物，如钻小洞、跨栏、走"小桥"。

（3）活动可以分为三组，每组四个小朋友进行比赛。

（4）第一个小朋友的小红旗插上以后，第二个小朋友再出发，直到插完为止。

九、玩具推介

给这个年龄段的婴儿选择各种形状的彩色串珠、669学具等，进一步提升婴儿的注意力和手部精细动作的能力。选择三轮车、扭扭车、摇马等玩具，帮助婴儿提高身体运动的协调性和平衡能力。选择一些简单的拼插积木，简单的图形镶嵌板，有各种形状孔、洞的智慧盒，简单的拼图，帮助婴儿提升空间知觉能力和思维能力。选择套筒、套娃，可穿、脱衣服、鞋子的娃娃玩具等，帮助婴儿提高手、眼、脑的协调能力，对大、小顺序的认知能力和逻辑思维能力。

十、问题解答

1. 怎样控制宝宝过度的兴奋？

有些宝宝高兴时有很强烈的行为反应，通常让人觉得"过头了"。例如：家里来了客人后宝宝特别高兴，在屋里又跑又跳。成人越是阻止，宝宝越是兴奋，边跑边叫，不时拿起玩具往地上扔。或是高兴得抱着客人的腿使劲地拽，抱着客人的脖子不松手。这样通常使成人很尴尬。这种孩子不是有很强的表现欲，就是缺乏关注，同时表现出没有很好的肌肉控制能力。成人不妨等客人走后，和宝宝一起分析原因，有时候宝宝需要成人的提示来回想自己高兴的理由。例如："是不是因为你很喜欢那个阿姨？""是不是因为平时妈妈太忙了，没有时间陪你玩？""是不是有人和你玩，你特别高兴？"另外对宝宝的情绪表示理解，拥抱宝宝。比如对宝宝说："我知道你很高兴。如果是我，我也会很高兴。可是我会安静地和阿姨做游戏、讲故事。"在日常生活中可以教宝宝直截了当地表达自己的感受、想法及愿望。比如说："什么事情让你这么高兴，说出来让我们一起高兴。""小雪来看你了，你是不是很高兴？"此外，一定要让他们了解什么事情是过头的，过头的事情是不被允许的。平时要注意给宝宝表现的机会，并给予一定的关注。另外还可以经常让宝宝做一些控制肌肉收缩放松的大运动。

2. 好动就是多动症吗？

多动与多动症是两个不同的概念，小孩子活泼好动是自然现象。多动症就是一种病态了。判定儿童是否多动症是有一定标准的，它必须是与年龄不相称的活动过度，与处境不相称的冲动行为，同时伴有注意力不集中，这三种症状联合出现。一般来说，多动症在7岁以后才诊断。因为年龄越小，中枢神经系统发育越不成熟，表现为抑制过程弱，兴奋性高，故而活泼好动。多动症是由于大脑皮层发育不成熟，造成的一种慢性疾病。但好动往往是与生俱来的气质使然，并不就是多动症。有的宝宝从小乐于蹦跳，仰卧时两脚不停地踢动，换尿布时移动速度快，穿衣吃饭速度快，坐在小凳上扭来扭去，在家具上爬来爬去，洗澡时又踢又拍地玩水，即使哭泣时，也会挥舞着两只小手。这样的孩子容易被误认为是多动症。从气质的角度看，这是一个活动水平高的孩子。活动水平高的孩子对人和事的反应是主动的，他会迈动两只小腿向你跑来，伸出双手要你抱和亲吻。

同时，有的孩子也会经常做出干扰别人的事情。对于好动的孩子，我们一定要给他足够的机会进行大运动训练，一般情况下不要限制他的活动，更重要的是让他养成良好的行为习惯，举止要得体。

3. 如何对待好发火、好嚷嚷的宝宝？

说话大嗓门、好嚷嚷和遇事点火就着的往往是反应强度高的孩子。所谓反应强度就是指宝宝在反应中倾注精力的多少。无论这种反应是正向的还是负向的，倾注精力越多反应强度就越大。比如：一个宝宝喜欢大声哭、笑，嗓门很大，对外界的刺激反映强烈，那么这是一个高强度的孩子。一个低强度的孩子，他常常是温和平静的，较少流露感情和使用身体动作。在宝宝饥饿、疲倦、尿布湿了、洗澡、穿衣和感到不舒服的时候最能表现出他的反应强度。一个反应强度高的孩子饥饿时会大哭，穿衣服的顺序不合适会大闹，别的小朋友碰了他，他会很计较。而反应强度低的孩子饥饿时只会低声啜泣，穿衣服的顺序不合适也无所谓，别的小朋友碰了他也不会计较。

高强度的宝宝会恼人、惹人生气、会激起成人的怒火，还可能使成人或其他关爱者误认为他生病或遇到了其他问题。

对于这样的孩子，不要以同样的强度对待他，要尽力去了解他的真正要求。其实问题并不是真的那么严重，而是因为宝宝过高的反应，使问题被夸大了。对这种情况，最好的办法是冷处理。

4. 宝宝也会有双重性格吗?

有人提出这样的问题：我家的宝宝在外面是特别的内向、胆小、文静，在家里却是特别的外向、大声叫喊、疯闹、犟嘴，这是怎么回事？

我们认为婴幼儿时期的"双重性格"往往是"气质"使然。气质是每个人性格中最具特色的一部分。由于每个人的气质不同，所以爱好、风格、特征以及行为模式各不相同。气质特征并不是孩子的全部性格，但是又确确实实地影响和决定了他在各种环境中的行为。孩子在家里大声叫喊、疯闹、犟嘴、特拧，这是因为家庭是他最为熟悉的环境，在这个环境中没有任何压力和不适应，所以表现是十分外向的。但是，我们也看出这是一个缺乏约束的环境。而孩子在外面的时候特别内向、胆小，这表明他对不熟悉的、生疏环境和事物是退缩和胆怯的，我们将孩子的这种特征称为"避"性特征，他们天生如此。这种气质特点没有好坏之分，关键是父母的抚养技巧要与孩子的气质特点相适应。对于这样的孩子，父母要帮助他们做好接触新事物的准备，比如事先告诉他："明天我们一起去阿姨家，有许多你不认识的宝宝也去，他们都会喜欢你。你也想去看看吧！"

当宝宝退缩、羞怯时，父母不要硬把他推到大庭广众之下，也不要催之过急，要给他适当的时间来适应。父母要教会宝宝克服羞怯的技巧，比如遇到不认识的人如何打招呼，如何与伙伴一起玩，不要斥责、奚落、羞辱宝宝，要鼓励他。对于这样的孩子，除了以上的方法之外，父母还必须要给宝宝立规矩，从小养成良好的行为习惯。

28~30个月的宝宝

一、发展综述

接近两岁半的宝宝肢体动作的协调性、平衡性更加明显,跳、跑、攀、爬、投掷等运动技能及身体控制能力逐步得到提高。宝宝不用扶栏,就能稳稳地登上3级以上楼梯。宝宝还能自己单脚站立3秒钟以上。

宝宝对色彩和绘画的兴趣越来越浓,能分辨红、绿、蓝、黄、黑、白等基本色。学会简单的添画、点画、印章画,会画直线、横线,掌握搓、压、团等玩橡皮泥的技巧,会简单的手工折纸。能熟练地穿扣眼、拉线,并能连续穿3个以上。宝宝还会往没有手柄的塑料杯中倒入1/3的水,然后把水再倒入另一个同样的杯子,来回各倒一次并不会洒出水。这个时期的宝宝有强烈的自主意识和动手愿望,妈妈可以针对这一有利时机,为宝宝提供可锻炼大脑、发展动手能力的益智玩具,如积木、拼图、橡皮泥、球类等,并和宝宝一起玩,以发展良好的亲子关系。

这一时期,宝宝的注意力集中的时间比以前延长了。据研究发现,两岁的宝宝,能集中注意力1~2分钟;两岁半时,时间延长至10~20分钟。所以提倡两岁的宝宝应该逐渐学习自己看书,先从翻书的动作训练开始，指导宝宝按照书的顺序翻看。宝宝的记忆力也很惊人，两岁半时能记住6个月时的经历。

第28～30个月是宝宝想象力最初萌发的阶段。这个阶段的孩子在游戏的时候，能够把回忆起来的某些事物的表象，附在另一些实物上，而把这些实物想象成他所想的东西。如会喂玩具娃娃吃东西，把椅子摆成一排当成火车来开，用积木搭出"火车""楼房"，把笤帚当做马骑着到处跑，这些行为都是孩子想象力的最初表现。这个阶段的宝宝还经常把自己的想象和现实混淆，以致使自己的想象或认识无限扩张，这就是有时成人认为宝宝的"说谎"现象。其实这不是说谎，而是这一阶段宝宝自我中心思维的独特表现。

宝宝的语言能力也非常不错，这时能说几首完整的短儿歌，听故事后会复述简单的情节，会说简单的礼貌用语，能认读一些简单的汉字。

宝宝开始能理解"一样多""相同""相等"之类的概念，认识和分辨三角形、正方形、圆形，认识并能点数1～6。

二、身心特点

（一）体格发育

1. 身长标准

男童平均身长为91.6厘米，正常范围是87.4～95.7厘米。

女童平均身长为90.6厘米，正常范围是86.4～94.7厘米。

2. 体重标准

男童平均体重为13.5千克，正常范围是11.9～15.0千克。

女童平均体重为12.8千克，正常范围是11.3～14.4千克。

3. 头围标准

男童平均头围为 49.0 厘米，正常范围是 47.8 ~ 50.2 厘米。

女童平均头围为 48.0 厘米，正常范围是 46.8 ~ 49.2 厘米。

4. 胸围标准

男童平均胸围为 50.3 厘米，正常范围是 48.5 ~ 52.1 厘米。

女童平均胸围为 49.2 厘米，正常范围是 47.3 ~ 51.1 厘米。

（二）心理发展

1. 大运动的发展

这个年龄段的宝宝可以平稳地上下楼梯，并且可以双脚交替上下楼梯，即一只脚先迈上一级台阶，另一只脚再迈上另一级台阶。这个时期，宝宝可以练习走"平衡木"，先练习在20厘米左右的窄路上行走，再练习走10厘米左右的平衡木。宝宝能够用脚尖走路5米左右，可以单脚站得很稳，还可以不用成人辅助，自己独立上摇马，并且能将摇马摇动。宝宝能够学会骑三轮车直行，还能够接到反跳回来的球，不用手扶可以从跪姿站起来。

2. 精细动作的发展

这个年龄段的宝宝小手更加灵活，可以经常练习穿珠、拼插的游戏。这个时期的宝宝已经能有目的地创造一些作品，如给成人穿漂亮的项链，拼插汽车、火车、飞机、房子、桌子等。宝宝能够用口径稍微大些的两个容器相互倒米或倒水，可以控制手臂和手指的动作幅度，不使米和水洒出容器外。成人可以有意识地让宝宝练习将小豆粒、小药片等放入小口径的瓶中。宝宝可以模仿用5块积木搭金字塔，还能用笔在纸上画出"十"字。

3. 语言能力的发展

这个年龄段的宝宝可以练习看图说话，成人和宝宝一起看图，让宝宝说出看到的是什么。那些经常看的图画书，可以让宝宝自己讲述其中的内容，帮助宝宝提升语言表达能力。这个时期，宝宝已经可以使用一些礼貌用语，如"谢谢""您好""再见""晚安""对不起""没关系""不客气"等。成人可以教宝宝说出常用物品的用途，宝宝可以理解两种以上，如"杯子是用来喝水的，椅子是用来坐的"等。

4. 认知能力的发展

这个年龄段的宝宝认知能力和记忆能力都趋于稳定，能够认识数字1、2、3和若干个汉字。宝宝很早就能分辨圆形、正方形、三角形的不同，但此时才能真正辨识这三种图形，如成人说"把圆形给我"，宝宝能够做对。这个时期，宝宝对于大小的认知也愈加明确，可以对应生活中的事物说出这是大的，那是小的。宝宝能够独立解决一些简单问题，比如够不到的东西，知道想办法垫上小凳子，还能为已经打开并搅乱的6个大小不同的瓶子配上合适的盖子，并清楚冷、热、痛的不同感受。

5. 自理能力的发展

这个年龄段的宝宝学会熟练地洗手后，还要学会洗脸，能够洗五官部位，学习正确地漱口，不吞咽漱口水。这个时期，成人应进一步地培养宝宝大小便的习惯，如白天宝宝能够及时去蹲便盆或上厕所，午睡觉前和晚上睡觉前养成先上厕所的好习惯，以帮助宝宝更早地控制夜间不尿床，学习大便后自己擦屁股。

三、科学喂养

（一）营养需求

1. 注意食物的酸碱性搭配

人体在健康状况下，体液呈弱碱性。在这个基础上，机体才能正常维持生理功能和日常活动。而宝宝调节体内酸碱平衡的能力还较低，所以就更应该重视饮食的平衡。食物的酸碱性是按照食物在体内经过消化、吸收、代谢分解后的产物的酸碱性来决定的。酸性食物是指能够在体内形成酸性的无机盐或其他营养素，而使体液呈酸性的食物，如白糖、肉类、蛋黄和啤酒等。碱性食物是使体液呈碱性的食物，如蔬菜、水果、牛奶等。如果宝宝经常吃细粮、肉食，不喜欢吃蔬菜、水果，则体内酸性物质积聚，容易成为"酸性体质"，就会出现头晕、便秘、易疲劳、抵抗力下降等表现。所以，家长一定要给孩子注意食物的酸碱搭配，重视饮食平衡，使他们不可偏食。

2. 纯素食不适合宝宝

幼儿食素对预防成年后的高血压、高血脂、血管硬化有一定的积极作用。但是常吃素对宝宝的发育也有副作用，如锌、铁、钙等矿物质元素在荤食中含量较多，某些维生素只有在动物蛋白质中才容易被人体吸收。3岁前的宝宝大脑发育迅速，需要提供大量的营养物质，如果仅仅摄入素食的话，极易导致营养不足使宝宝智力发育迟缓。

3. 红薯的营养素

一些人认为，红薯对胃有刺激，吃多了容易胃酸过多，造成胃穿孔。其实红薯中含有很多对身体有益的营养成分，如胡萝卜素和维生素C含量丰富，远超胡萝卜中的含量；富含黏液蛋白，有保持关节腔内的润滑作用，可保持动脉血管的弹性。红薯还是一种碱性食品，能中和因为食用鱼、肉、蛋等产生的酸性物质，调节人体的酸碱平衡。还有红薯含纤维素较多，有较好的通便作用。因此，让宝宝多吃一些红薯，对身体的发育是有益的。

（二）喂养技巧

1. 宝宝的行为与饮食

有国外研究表明：儿童的异常行为，与其所摄入的食物有关，从儿童行为的变化可以发现其某种营养素的缺乏。

（1）宝宝晚上睡觉时磨牙、易惊醒，甚至抽筋，这是缺钙的表现。可以适当地补充一些含钙丰富的食品，如豆制品、海产品等。

（2）经常烦躁、焦虑、疲惫、健忘，说明其体内缺少B族维生素。平时在饮食中要补充豆制品、杂粮、蛋黄、动物肝脏等。

（3）精神不振、脸色苍白、头痛、厌食，可能是缺铁。鱼类、乳制品、黄豆等食物富含铁质。

（4）情绪反复无常，容易激动，可能食糖过多。平时要减少对糖类的摄入，如甜点。

2. 重视早餐

部分父母很看重宝宝的中餐与晚餐，早餐却因时间紧就随便给宝宝吃点就了事，其实这是不科学的，会影响宝宝的健康。不吃或不会吃早餐都易使宝宝患贫血。据某市对2000名中小学生的调查结果显示，患贫血的学生中，71％是不吃早餐所致。不吃早餐的学生中，50％左右营养不良。科学的早餐应该由蛋白质、脂肪和碳水化合物三部分组成，可以由谷物、蔬菜、水果、蛋、奶制品、豆制品等搭配组成。早餐一杯奶、一片面包、一个鸡蛋、几片香肠，再加青菜、水果，营养就足够了。

3. 注意事项

蔬菜与水果相比，无论是口感还是口味远不及水果，因为水果中含有果糖，所以有好吃的甜味，且果肉细腻又含有汁水，还容易消化吸收。因此，当有些宝宝不爱吃蔬菜时，成人会经常让他多吃点水果，认为这样可以弥补不吃蔬菜而对身体造成的损失。如果经常让宝宝以水果代替蔬菜，水果的摄入量势必就会增大，因而导致身体摄入过量的果糖。而体内果糖太多时，不仅会使宝宝的身体缺乏铜元素，影响骨骼的发育，造成其身材矮小，还会使宝宝经常有饱腹感，结果导致其食欲降低。水果中的无机盐、粗纤维、维生素的含量要比蔬菜少，与蔬菜相比，其促进肠肌蠕动、保证无机盐中钙和铁的摄入的功能要相对弱一些。而蔬菜中的粗纤维可以刺激肠蠕动，减少肠道对体内毒素的吸收，起到排毒的作用。因此，家长们最好不要经常给宝宝用水果代替蔬菜。

（三）宝宝餐桌

1. 一日食谱参照

8:00：红豆小米粥、荷叶饼、烤肠。

10:00：牛奶。

12:00：水饺（猪肉、白菜、韭菜、胡萝卜）。

15:00：牛奶、柚子。

18:00：米饭、烧鸡块、西红柿炒鸡蛋、骨头汤。

21:00：蛋糕、牛奶。

② 巧手妈妈做美食

夏季开胃果汁：一到夏季，天气炎热，很多宝宝都会食欲不振，不肯吃饭。为了让宝宝吃饭，成人不知费了多少心思。其实很多蔬菜、水果做成饮料后有开胃的效果。

制作方法：果汁的制作方法很简单，但一定注意要用新鲜水果来制作鲜榨果汁，不要使用罐装或瓶装的果汁。

菠萝苹果汁：菠萝含酶量在水果中最高，在正餐间让宝宝喝杯菠萝苹果汁，味道好，既开胃，又能补充维生素C，一举三得，对健康十分有益。

制作方法：准备菠萝1/6个，苹果1个，凉开水200毫升。将菠萝、苹果去皮并切小块，加水放进榨汁机中搅拌，即可饮用果汁水。

山楂麦芽茶：新鲜山楂吃起来酸酸甜甜，可提高胃酸；麦芽能消食健胃。在药店可买到山楂和麦芽，麦芽要选购外表略带须的炒过的熟麦芽。

制作方法：制作山楂麦芽茶时，准备山楂、麦芽各10克，甘草1～2片。将其材料洗净，放入茶杯中，沸水冲泡后滤渣，取汁即可饮用。

四、护理保健

护理要点

1. 吃喝

★如何预防宝宝的消化不良？

不少成人在护理宝宝的过程中，会遇到比较令人头痛的事——消化不良。表现为：食欲减退或干脆拒吃；腹胀；大便不通畅或便稀，有时大便发绿；胃部不舒服，常打嗝，口气酸臭，容易呕吐；睡眠不实等。预防宝宝消化不良需要注意：

（1）养成定时、定量、节制饮食的好习惯。这会让宝宝的消化系统更好适应，更好工作。成人不要以宝宝吃得多为荣，也不应以养个胖宝宝为自豪。要知道，被成人撑着的宝宝最容易出现消化问题，也为长大后肥胖埋下了危险的种子。

（2）克服偏食。宝宝的营养应均衡，瓜果、蔬菜、蛋、奶、肉、禽样样都吃。成人应给宝宝少吃"垃圾"食品，少吃高热量、高脂肪的食物，能有效防止他偏食、厌食。

（3）保持良好食欲。只有在食欲好的前提下，宝宝才能消化好。成人需注意：给宝宝进食的环境要温馨、宁静，不要过于嘈杂。比如，吃饭时不要给宝宝看打打杀杀、声嘶力竭的电视；不在饭桌上训斥宝宝、数落宝宝；不哄、不骗、不强迫宝宝吃东西。偶尔有几天宝宝不想吃饭，那就给他做些清淡、好消化的食物。如果硬塞进宝宝口里，更容易让他出现消化不良的问题。

（4）注意腹部保暖。成人不要让刚吃完饭的宝宝出去吹冷风、游泳或洗澡,如宝宝胃部着凉会导致其肠胃蠕动减缓,造成消化系统紊乱,降低消化能力。

（5）培养定时大便的好习惯。密切注意保持宝宝的消化道通畅,有助于预防消化不良。

2.拉撒

★成人应如何训练宝宝的如厕能力？

尽早训练宝宝如厕的习惯与能力好处多,如定时大便既有益健康,又能为宝宝顺利进入幼儿园,开始相对独立的生活做好准备,建立其生活的自信心。

经过一岁半到两岁对宝宝大小便控制的训练,到这个时候,多数宝宝都能够初步控制大小便,逐渐养成了独立蹲盆排便的好习惯。需要大小便时,宝宝能主动去厕所坐便盆。夏天时,宝宝会自己脱下小三角裤叉或小短裤。两岁半后,成人应培养宝宝自己脱下裤子,便后自己用手纸擦屁股,并练习按按钮冲水的好习惯。

特别提示: 有的宝宝大便时间比较长或排便困难,您千万不要在他排便过程中给他讲故事、看图书、玩玩具或喂饭,以免分散他排便时的注意力,不能专心排便。还会造成错觉,让宝宝误将便盆当成椅子,认为可以坐在上面玩游戏。

3.睡眠

★为什么午睡是宝宝成长发育的催化剂？

影响宝宝成长发育有两个重要因素:一是营养,二是睡眠。午睡作为夜间睡眠的补充形式,对宝宝的生长发育有很大的益处。美国国家儿童医学中心小儿睡眠研究所发现:不管是白天还是夜晚,婴幼儿睡觉时是他身心发育的最好时间。良好的午睡可以促进消化,改善宝宝的食欲,增强免疫力，改善疲劳，促进大脑发育。而且，可以解放成人，让爸爸妈妈有更多的自由时间。

（1）养成习惯。给宝宝安排好一天的作息时间，经过一段时间的实施，宝宝会形成条件反射，午睡时间一到，就会自动产生睡意，并慢慢养成自动入睡的习惯。

（2）睡眠环境。睡眠环境和气氛对于养成宝宝良好的午睡习惯非常重要。成人应注意，无论冬夏，都应保持屋内空气清新，最好在宝宝午餐时就打开窗户通风换气，室内温度尽量调节到20度左右。宝宝的小床可以布置得有点个性，但不要把房间变成一个充满玩具的空间，否则容易引起宝宝兴奋，不易入睡。

（3）睡前故事。如果宝宝喜欢听着故事入眠，那不管这个故事有多么令人激动，成人一定要用缓慢、平和、轻声的语调来为他讲故事，甚至可以播放些催眠曲作为背景音乐。切忌睡前给宝宝讲让他害怕的故事。

（4）午睡时间。宝宝一岁半后，白天可只睡一次午觉，两小时左右即可。而且，要保证宝宝午睡醒来至晚上睡觉前有4小时以上的清醒时间，这样才不会影响夜间入睡。要注意的是，午饭后30分钟内不宜立刻让宝宝午睡。

（5）唤醒方法。午睡有益宝宝的身心健康，可午睡时间太久，就会影响宝宝晚上的睡眠质量。所以，到了宝宝该起床的时候，成人就要想些舒缓的方法把宝宝唤醒。如：先把窗帘拉开，让阳光射入屋内，这样宝宝一般都会醒来。或者播放宝宝喜爱的音乐，在美妙的音乐声中吻吻宝宝，让他在成人的吻中醒来；成人也可以提前几分钟叫醒宝宝，一边按摩，一边叫宝宝起床。总之，成人不宜大声喊叫，以免惊吓宝宝，可给宝宝买个充满趣味的音乐小闹钟，当宝宝听到小闹钟的音乐响起时，就会按时起床。当然，适当的鼓励可以让宝宝做得更好。

4. 其他

★**怎样描述宝宝的病情？**

成人带孩子看病时，经常会遇到这样的问题：在着急地向医生述说了一大堆孩子的病情后，医生却不得要领。那么，在为孩子代述病情时，该注意些什么呢？

（1）体温。感冒发烧是婴幼儿的常见病。如果在家里已经测过体温，成人应该跟大夫说清楚是什么时候开始发现宝宝发热的，用什么方法测的体温（如果用电子温度计，一般测量结果还会低一些），共测过几次，最高多少度。

（2）时间。对宝宝发病时间的叙述也很重要。医生只能通过成人代述，了解宝宝患病时间的长短和发病过程。而宝宝发病时间、发热间隔时间，对区别多种疾病都有实际意义。

（3）状态。宝宝发病时的状态也要向医生表述清楚，如有无发冷、肚子疼、嗓子疼？有无烦躁不安、哭闹、嗜睡、昏睡？有无食欲减退？是不是总想喝水？睡眠的状态等。

（4）病史。包括宝宝以前的病史及家族成员的病史。家庭中有无遗传病、传染病史。在托儿所、幼儿园的宝宝，还应讲清有无其他宝宝患传染病及类似病。

（5）以前的诊治。宝宝来医院就诊以前，是否去过其他医院求医诊治过，已服过什么药，剂量多少，这些情况不要回避隐瞒，都要详细向医生讲明，以免重复检查浪费时间和短期内重复用药而引起不良后果。

特别提示：一旦医生戴上了听诊器开始检查，就不要再对医生说话并应保持安静，以便于医生听诊；医生开药时，成人不应凭经验胡乱指定用药，因为药并不是越贵越好、越多越好的，只有对症的药才是最好的药。另外各种药物的毒副作用参差不齐，孩子的个体情况也各不相同，医生会根据情况辨证施治，对症下药的。

五、疾病预防

（一）常见疾病

1. 蛔虫病

蛔虫病是小儿时期最多见的肠道寄生虫病，分布广泛，我国各地都有存在，温暖潮湿的地方更容易流行。

原因：蛔虫感染的原因主要是通过污染的手，其次是污染的食物、水等。小儿在地面爬玩，造成手污染，进食前若无洗手的习惯，可将虫卵吞入而感染。因此环境卫生和个人卫生差是造成感染的主要原因。

有感染性的蛔虫卵经口吞入到达小肠，在小肠孵化幼虫，幼虫穿过肠黏膜进入淋巴管或者小的静脉血管，经血液循环到肺，经过肺部的小血管到肺泡，再从肺泡顺着小支气管、喉、咽到食道，再经胃到小肠，在小肠发育成虫。此过程历时两个多月。成虫可在肠内存活1~2年。

表现：

（1）患有蛔虫病的小儿，容易厌食或者多食，易饥饿，恶心呕吐，轻泻或便秘。

（2）腹痛，多位于脐周，痛无定时且不剧烈，痛时喜欢让人揉按腹部。

（3）蛔虫长期寄生于体内，夺取营养，导致宝宝出现营养不良、贫血、生长发育迟缓等。

（4）蛔虫病患儿易有精神症状，如精神不宁、易怒、睡不安、磨牙、易惊等。常见有蛔虫性肠梗阻、胆道蛔虫、过敏性肺炎等并发症。

防治：蛔虫的寿命一般是1~2年即自行死亡。避免使宝宝再感染加上适当的治疗，蛔虫症是比较容易防治的。避免再感染应做到：讲究卫生，不随地大小便，养成饭前、便后要洗手的习惯，勤剪指甲、不吸吮手指、不吃生冷、不洁的食物。此外对蛔虫症患者要积极进行治疗。

2. 流行性腮腺炎

流行性腮腺炎是腮腺炎病毒引起的小儿常见的急性呼吸道传染病，俗称痄腮。其特点是：腮腺的非化脓性炎症，腮腺肿大，可并发脑炎。

原因：此病是腮腺炎病毒引起的疾病。病儿和隐性感染者是本病的传染源，发病前六日直至肿胀消退为止均有传染性。病毒主要存在于患儿的唾液、鼻涕和咽部分泌物中，通过飞沫传染。唾液污染的玩具、食物也可以传播，但少见。任何年龄都可感染此病，以5~15岁儿童最多见，感染后可获得终身免疫。此病在托幼机构容易造成流行。

表现：以发热、腮腺肿胀为主要表现。

第1～2日感到腮腺部肿胀、张口咀嚼及进食酸性食物时加剧。先一侧腮腺逐渐肿大，1～2日后，对侧腮腺也肿大，呈以耳垂为中心的漫肿。肿胀1～3日达高峰，发热、厌食、倦怠等全身症状明显，再经过4～5日肿胀消退，全身症状也消失。整个病程7～12日。

起病初期，有的患儿可发热达38～40℃，有的患儿发热不明显。

此病常伴有各种并发症，如脑膜炎，多见于儿童，可痊愈。另有睾丸炎，多见于青春期病人；急性胰腺炎虽然是腮腺炎的并发症，但是小儿少见。

防治：对患儿要采取隔离措施，直到腮腺肿消退一周后，方可解除隔离。居室要空气流通、对沾有口、鼻分泌物的东西要高温煮沸消毒，以切断传播途径。对患儿要加强护理，防止并发症。在患病期间要督促患儿卧床休息，给予易消化的流质或半流质食物，保持口腔卫生，多饮水，有发热、疼痛时应给予对症治疗，必要时住院治疗。

3. 癫痫

癫痫是阵发性、暂时性脑功能失调。生理学上表现为神经元过度放电，临床表现是各种发作。发作的症状依放电的部位不同而不同。通常有意识障碍和肌肉抽搐，也可有感觉、情感、行为或植物神经功能异常。癫痫在小儿的发病率最高。

原因：癫痫是多种原因引起的综合征。癫痫与遗传有密切的关系，遗传可以影响神经元放电，影响惊厥阈。高热惊厥与癫痫也有密切关系，有明显的遗传倾向。还有一些至今不明原因的癫痫，临床将原因不明和由遗传因素的统称为原发性癫痫。还有一类癫痫是由脑部器质性病变或由于代谢紊乱、中毒性疾病引起的癫痫。这类临床统称为继发性癫痫。

表现：小儿癫痫可分为多种类型：

（1）大发作。占小儿癫痫的一半，发作特点是突然昏迷、四肢抽动、强直、阵挛、口吐白沫、大小便失禁。

（2）小发作。突然短暂意识障碍为特点，语言中断，活动停止，不跌倒，两眼茫然凝视，无肌肉抽搐。持续不到30秒，很快意识恢复，对发作不记忆，因时间短暂，易被忽略。多发生于3~10岁的儿童，青春期后发作减少，智力发育正常。

（3）小运动性发作。发作形式多样，如肌阵挛发作表现为肢体抽搐肌张力增高；无动性发作以一过性肌张力消失，无明显意识障碍为特点；不典型失神有周期性发作的倾向。小运动性发作总的特点是：发病早，多在6个月至6岁之间发病，治疗困难，智力发育落后。

（4）宝宝痉挛症。多在1岁以内发病，发作突然，表现为点头、弯腰，举手或伸直，头向后仰，发作时有叫喊、凝视。3~4岁以后自动停止，发作形式有所改变，多数患儿智力低下。

（5）局限性发作。身体某一部分抽动，意识不丧失。

（6）任何年龄皆可发病，病变在颞叶，故又称颞叶癫痫。本病症状复杂，部分与遗传有关。

（7）植物神经性发作，又称间脑癫痫。以植物神经症状为主，周期性呕吐、腹痛、面色潮红、苍白、紫绀。

（8）癫痫持续状态。指癫痫一次发作在30分钟以上，或两次发作间意识未能恢复。这是癫痫的严重现象，应及时去医院处理。

防治：小儿癫痫要从多方面进行预防：

（1）产前注意母体健康，减少感染、营养缺乏引起的几个系统疾病，使胎儿少受不良影响。

（2）围产期保护小儿免受缺氧、产伤、感染等损害。

（3）对于婴幼儿时期的高热惊厥要引起足够重视，尽量避免惊厥发作。

（4）积极预防和治疗中枢神经系统疾病，减少后遗症。

（5）预防小儿体内生化代谢紊乱。

癫痫治疗的目的是完全控制发作，除掉病因，减少脑损伤。治疗的原则是：

①早治。越早治，脑损伤越小，可痊愈。

②病因治疗。去除引起癫痫的病因。

③根据癫痫的类型选用药物。不同的抗癫痫药物，对不同类型的癫痫有效，选药合理，才能提高疗效。

④用药要合理。先从一种药开始，药量要足，用药方法要简单，长期规律性服药，停药过程要缓慢，定期复查。

（二）情绪行为问题

★缄默症

缄默症是小儿神经官能症的一种形式，多见于体弱、胆怯，或性格内向的孩子。往往在受惊、恐惧等因素作用时，出现缄默不语。

原因：本病为心理因素所致。如早年情感创伤、家庭矛盾、成人离异、环境的突然变化（如突然被迫离开成人、养育环境突然发生改变等），或者口舌部严重的外伤长时间地影响了发音等，还有部分患儿发病原因不明。

表现：多起病于3~5岁，患儿对语言的感觉及表达均正常，但与人交往时仅用手势、点头或摇头表达。对少数熟悉的人，如爸爸、妈妈、爷爷、奶奶或他喜欢的小伙伴可以说话，而且说得很正确，但在一般场合尤其是人多的情况下或幼儿园，则拒绝说话。

这类儿童上学前常被忽视，上学后，老师发现他从不回答任何问题，也不与同学交谈，不与同学玩，不参加集体活动而被发现。

防治：对于处在语言发育期的儿童，应避免心理因素的刺激，这对于本病的防治有一定帮助。对于已患病者，主要进行心理治疗，包括家庭治疗、支持性心理治疗、行为治疗。近年来我们采用游戏治疗的方法，取得了较好的效果。

（三）意外伤害

★烫伤

原因：烫伤以夏季为多，多为小儿打翻热水，弄倒暖瓶，掀翻热水锅、热汤等。有时接触蒸气、热金属物体也会被烫伤。根本原因是成人疏于管理、缺乏安全意识所致。

表现：小儿烫伤一般多为一度或二度。一度烫伤局部轻度红、肿、痛、热，感觉过敏，皮肤表面干燥无水泡。浅二度烫伤局部疼痛剧烈，有水泡，泡皮剥脱后可见创面发红、水肿，渗出较多。深二度烫伤痛觉迟钝，有水泡，基底苍白，间有红色斑点，创面潮湿。

处理：烫伤应以预防为主。成人要时刻管好热源，让宝宝远离可致烫伤的开水、热奶和热菜等。在使用水壶、炒勺等带手柄的橱具时，要经常检查手柄是否牢固，发现损坏要及时修好，以免使用时发生断柄而致烫伤。在给宝宝洗澡时最好先往盆中放凉水，然后放热水，以防照顾不到宝宝先误入热水中被烫伤。

一旦发生烫伤应立即降温。一般采用自来水进行降温处理，要连续冷却15～20分钟。如果衣服较厚难以迅速降低皮肤温度，可立即脱去外衣，用剪刀剪开内衣，避免脱衣时损伤烫伤创面。降温后要用无菌纱布敷盖创面，立即去医院就治。

烫伤后不要自行挑破水泡，因未经消毒的针会沾有细菌，引起伤口感染并延长伤口的愈合时间。烫伤创面不要乱涂食用油之类的东西，因处理不当致使创面愈合后很容易留有瘢痕，如使用药品一定要经医生同意。

六、运动健身

运动健身游戏

1. 跳台跳水

目的：训练宝宝的跳跃能力及身体的平衡控制能力，培养其勇敢精神。

方法：先带宝宝看跳台跳水的比赛，然后引导宝宝模仿跳水运动员跳水。首先跟宝宝一起搭建跳台。在平整的土地上铺一块软垫（不应小于1平方米），用木板（长度可在2米左右，宽20厘米左右）架起一个一头高20厘米的斜坡充当跳台，用软垫当泳池。游戏开始，成人说："小宝宝上跳台，跳到水里去游泳。"然后带着宝宝走上跳台，鼓励宝宝跳到"水"里去，还可以带着宝宝在游泳池里学游泳做各种动作，让宝宝玩得高兴（这个游戏可以反复练习）。

> **特别提示：** 木板不能太薄，要有重量，垫起部分要刚好在前端，宝宝站上去，不会使木板翘起。

2. 采集食物

目的：训练宝宝向上跳跃的能力。

方法：

（1）采蘑菇。选择户外空地，在场地边放上一根比较粗的绳子（直径2~3厘米）充当"小河"，场地另一边放上一些用彩色纸片做的"蘑菇"。游戏开始，成人教宝宝说儿歌"小白兔，真能干，跳过小河采蘑菇"，说完儿歌以后，让宝宝从起点跳到小河边用单脚跨跳过"小河"，再跑过去采到一个"蘑菇"，回头再跳过小河，回到原处。"蘑菇"可以多做一些，让宝宝连续反复跳过"小河"去采"蘑菇"，直到把"蘑菇"都采完为止。这个游戏还可以让其他小朋友一起参与，增加一些竞争趣味。

（2）吃青草。选择室内外宽阔一点的空间，在场地中间系上一根高5厘米的皮筋当"小山"，在起点处放置一个小筐，终点处放置多个玩具充当青草。成人告诉宝宝游戏规则，跳过小山拿到玩具，返回还要跳过小山，把玩具放到起点的小筐里。宝宝当"小马"站在起点处，准备好，大家说儿歌"小小马，小小马，跳过小山头，去吃青青草"。说完儿歌以后，"小马"学马跑到"小山"处，同时跳过"小山"，拿到青草以后，跑回来，再跳过"小山"，回到原地。如果参与的小朋友多，可以增加比赛内容"看谁吃的青草多"，以激发宝宝游戏的兴趣。皮筋的高度可以由低到高，从3厘米增高到5厘米以上。

> **特别提示**：遵守游戏规则。成人可先示范给宝宝看再跨跳过去，要随时提醒宝宝的违规现象。

3. 跳远

目的：训练宝宝向前跳的能力，以发展其四肢的灵活性。

方法：

（1）在平地上画一条直线，鼓励宝宝双脚并拢跳过去，不能踩到线，跳过去以后，成人拍手说"真棒"。这个活动可以随时练习，注意宝宝落地后身体的平衡。

（2）成人将一块宽5厘米的纸板，放在地上，扮青蛙，鼓励宝宝尾随成人双脚从纸板桥的一端跳到另一端。

（3）在平地上用两根绳摆成5厘米宽的平行线当"小河"。"河"的一边放一些萝卜或纸片做"萝卜"，游戏开始大家说儿歌："小白兔，蹦蹦跳，跳过小河拔萝卜，拔得多又多。"说完儿歌后，大家学小白兔跳。鼓励宝宝双脚跳过宽5厘米的"小河"，不要掉到河里。拔了萝卜后再跳过"小河"走回原地。根据宝宝练习的情况逐步把"小河"加宽到10厘米。

4. 小螃蟹和妈妈的旅行

目的：训练宝宝蹲着走，培养其动作的协调能力。

方法：

（1）学螃蟹横着走。让宝宝双手撑地，放在身体两边，双膝弯曲，身体提高，左手左脚或右手右脚，向左爬向右爬。爬行时先动脚再动手，分别向左、右移动。

（2）学毛毛虫走。让宝宝俯卧，双手放在背上，脚微微抬起，用腹部和胸部的力量往前慢慢前进，培养其动作的协调能力。

（3）让宝宝蹲下，妈妈对宝宝说："你是小螃蟹，我是螃蟹妈妈。今天天气真好！妈妈带你们到岸上去旅行，一起做游戏，咱们现在就出发。你们跟着妈妈走，听妈妈的口令，妈妈说'向前走'，你们就向前走。妈妈说'向后退'，你们就向妈妈学习向后退着走。""好，宝宝现在蹲下，蹲下后就是小螃蟹了，乖乖地跟着妈妈走。"在妈妈的带领下，小螃蟹跟着妈妈一步一步向前走，边走边喊口令，一、二、一、一、二、一。

5. 走平衡木

目的：训练宝宝在高空及行走动作间的平衡能力。

方法：成人用即时贴做成长2米、宽20厘米的小桥，宝宝在成人的带领下走过小桥，告诉宝宝下面是河，不要踩到水。

先让宝宝练习在一排厚5厘米，宽12厘米的砖上走，走稳之后，找一块大木板架在两块砖上练习，学习在架空的木板上来回走动。然后练习走平衡木，两岁宝宝可以在离地25厘米，宽20厘米，长200厘米的平衡木上练习。先由成人牵着一只手走，渐渐地学会自己慢慢走。练过几次之后宝宝就能从一头顺利地到达另一头，或者能回过头走回原处。有些宝宝还可练习头上顶着玩具或顶着一本书从一头走到另一头，或者空手走到中间做弯腰、举手等动作时保持平衡。

6. 足球运动员

目的：训练宝宝的预见能力、踢腿能力及身体姿势的协调性。

方法：

（1）用大纸箱或架子做成隧道。要求宝宝把球从隧道里滚过去，然后跑去捡球。捡上球后，再把球从隧道一端，用脚踢到另一端。宝宝会滚、会踢后，逐渐加大距离，以培养宝宝的判断力和踢腿的能力。

（2）选择合适场地练习踢球。宝宝不宜在马路边及房屋附近，以防车祸及损坏房屋门窗，可在宽敞的公园及儿童游乐场地练习。成人可作示范，看宝宝能把球踢出多远。宝宝一边练习踢球，一边跑去捡球。也可与成人面对面来回练习，使宝宝学会辨别方向踢球。

（3）踢球。成人用一个球在平坦松软的土地上，邀请几个同龄的宝宝扮"足球员"来进行踢球表演。凡能踢上一脚的宝宝，成人立即表扬鼓掌，以示踢到球者为最棒。

> **特别提示：** 选择在平整的场地上画一个圆点，将球放在圆点上，让宝宝站在离球几步的地方，鼓励宝宝跑过去，将球踢向前方。当宝宝能跑几步，将球踢开时，让宝宝离球距离可再远一些，鼓励宝宝多跑几步，跑向球，也能将球踢开。成人还可以鼓励宝宝，跑得越快，将球踢得越远。

7. 快乐的鹤宝宝

目的：训练宝宝单脚站立、跳动及身体平衡。

方法：

（1）让宝宝靠在墙边，把一只脚抬起来，膝盖弯曲站立，站立几秒钟后再让宝宝身体不靠墙，用手扶着墙站立。为了增加宝宝的兴趣，给宝宝戴上小仙鹤的头饰，告诉宝宝小仙鹤是一只脚站立，两手臂飞起来的。训练宝宝单脚站立几秒钟。也可以不用手扶，慢慢站稳。先站后跳，仙鹤往前跳，双手可以先拉住成人跳一步，然后放一只手跳，最后两手放开平举起来跳。有的宝宝能顺利完成，有的宝宝会有困难，可慢慢练习。3岁左右的宝宝慢慢练习，是能完成这样一种运动的。

（2）成人示范做"单脚站"动作，示范时尽量站立较长时间，然后鼓励宝宝模仿。开始游戏时，成人可以让宝宝单手扶着成人的手或身体，或者周围的物体，逐渐练习独立单脚站立。当宝宝可以完成此动作时，成人应及时给予鼓励和表扬。

（3）成人和宝宝相对站立，单手扶栏，抬起一只脚使身体站稳后逐渐放手，使重心落在单脚上。如果身体不稳可以随时伸手扶栏，或者成人马上把宝宝扶住。

（4）如果没有可扶之物，成人和宝宝牵手共同面向前方。成人喊口令"右脚向前、向外、向后、立正""左脚向前、向外、向后、立正"。先练习扶手单脚站稳。一只脚做运动，再换另一只脚练习。多次练习后，成人感到宝宝扶手的力量可以减少时，逐渐放手让宝宝继续做运动，直到宝宝能单脚站稳3~5秒。

8. 奶奶睡了勿吵闹

目的：训练宝宝用脚尖轻轻走路，有助其脚弓形成。

方法：把大娃娃放在床上，盖上被子当做奶奶睡觉，成人领着宝宝踮起脚尖轻轻走，使鞋底不发出响声。然后让宝宝试着踮起脚尖自己走。

在用前脚底部和脚尖着地时，小腿的肌肉收缩使脚跟随小腿抬起，此时体重会落在脚的前外方，有助于宝宝脚弓的形成。平时经常让宝宝走高低不平的路面，使其脚部的肌腱经常改变位置，有助于脚弓的形成。

9. 向前滚、向上攀

目的：训练宝宝的头和身体能向前屈曲而翻身，爬的能力及四肢的运动配合，以提高其技能技巧。

方法：

（1）在滑梯的终端铺上厚垫子。当宝宝从高处滑下时让他把头向前屈，身体趁着由上到下的冲力向前，双脚蹬地就使身体向前翻滚，完成一个前滚翻动作。

特别提示：如果宝宝使劲不足，成人可以帮助其翻滚，以减少宝宝身体对头颈的压力。滑滑梯学会之后，成人可把垫子搬到平衡木终端，让宝宝跳下后下蹲抱膝，屈头翻滚。

（2）准备一个双面梯子，高1.5米，让宝宝向上攀爬，到顶后再跨过转身，从另一面下来。成人要注意保护，并教会宝宝用右脚跨过后转动身体，再下来。爬梯可以训练宝宝勇敢、翻身转体、上下时双手的运动配合及全身运动，也可以让宝宝在攀爬中学会运动的一些技能。

特别提示：游戏中要做好保护措施，注意安全。

七、智慧乐园

益智游戏

◎ 语言能力提高训练

1. 有趣的集体游戏

目的：让宝宝在集体活动中体会快乐，学会表达，练习词汇，同时学会游戏规则。

方法：

（1）击鼓传花。准备小鼓和信封、卡片，设置集体活动。让宝宝们围成一圈坐在地垫上，每个宝宝的屁股下都坐着一个信封。大家一起传球，成人敲鼓，鼓声咚咚。一旦鼓声停下时，球在哪个宝宝手里，那个宝宝就站起来打开信封，把信封内的卡片拿出，并大声地告诉其他小朋友卡片上的内容是什么（卡片选择宝宝们常用的、吃的、玩的、见过的物品）。回答正确的宝宝奖励他一个红五角星。成人的鼓声要有意识地落在每一个宝宝身上，让宝宝们都有表演的机会。

（2）丢手绢。设置集体活动，让十几个小朋友围圈坐在地垫上，一起拍手，一起唱儿歌。成人绕圈将手绢悄悄地丢到某一个宝宝身后。宝宝要站起来捡手绢，学着成人绕圈，再把手绢丢到另一个小朋友身后。另一个小朋友也要起身继续绕圈跑做丢手绢。丢手绢游戏能让宝宝们快乐地投入，并学会游戏规则：什么时候该站起来跑，什么时候该坐下拍手。

（3）律动表演。成人指导，宝宝配合音乐，做音乐操、音乐律动、音乐表情。培养宝宝的音乐表演兴趣和能力，以及大方、大胆的性格，让宝宝借助音乐表现自我，从音乐中懂得一些生活常识，如小燕子、两只老虎。

2. 猜一猜

目的：训练宝宝对语言的理解能力，对事物关系的理解能力，以刺激宝宝的想象力、观察力及表达能力。

方法：成人用语言、动作形容在眼前的和不在眼前的宝宝熟悉的人，让他猜是谁。比如：头发有点白，看报纸的时候戴眼镜，吃饭的时候摘下眼镜，这是谁？然后让宝宝形容，成人来猜。

天天都要去上班，回到家先抱小宝宝亲一下，这是我们家的大男子汉，这个人是谁？

> **特别提示**：要根据家庭成员的实际特征来描述，不要臆造夸大，不要故意贬低其他家庭成员。

3. 模仿语调

目的：提高宝宝的语言表达水平，学习用不同语调说话。

方法：

（1）在日常生活中，成人要经常用不同的语调跟宝宝说话，例如：叫宝宝到成人面前，可以平声说"过来"，也可以加重第一个"过"字的音说"过来"，还可以用急促的声音说"快过来"，同时还可以加上"招手"的手势，以及用"点头"叫"过来"，甚至还可用严厉的声音说"快过来"（加重每个字的音），让宝宝体会用不同的语调讲话，作用、效果也不同。

（2）成人跟宝宝一起谈话做游戏，开始先模仿幼儿园老师问话的语调，如："小朋友，你好吗？"能听出"好吗"的音调要提高，然后鼓励宝宝也模仿说："老师，你好吗？""小朋友，你好吗？"继续开展游戏："你要吗？"出示各种玩具，成人示范说："小汽车，你要吗？"或者说："你要小汽车吗？"然后鼓励宝宝去问其他人，成人随时纠正和帮助宝宝用不同的语调说话。

特别提示：可以设置情景游戏跟宝宝说明，着急的时候怎么说，生气的时候怎么说等等，不能突然间无故变化，以免引发对宝宝的负面影响。成人使用语调要正确，关注周围的环境气氛。

4. 小手操

目的：培养宝宝听语言表述做动作的能力。

方法：成人带着宝宝一起做：

小 手 操

我的小手拍一拍，我的小手举起来；
我的小手拍一拍，我的小手张开来；
我的小手拍一拍，我的小手抱起来；
我的小手拍一拍，我的小手转起来；
我的小手拍一拍，我的小手握起来；
我的小手拍一拍，我的小手甩起来。
我的小手拍一拍，我的小手摸摸头；
我的小手拍一拍，我的小手摸摸耳；
我的小手拍一拍，我的小手摸摸肩；
我的小手拍一拍，我的小手摸摸腿；
我的小手拍一拍，我的小手摸摸脚；
我的小手拍一拍，我的小手放下来。

5. 故事会

目的：训练宝宝良好的阅读习惯及表达、交往、记忆力和讲述的能力。

方法：

（1）阅读。找一些适合宝宝阅读的书，让宝宝看，也可以和宝宝一起看、一起讲。阅读时要保持安静，训练宝宝的阅读习惯，让宝宝能自己安静地去看书学习。

（2）宝宝的故事。成人先启发宝宝，在家休息了两天，都"见到了什么""有什么快乐的事"等，引导宝宝回忆在家中发生过的有趣的事情，如"爸爸没注意，穿了妈妈的一只拖鞋"，自己"在草地上看见一条小虫子"等等。

在节日期间成人有意识地多跟宝宝一起玩，一起谈话交流以及参与家里（或宝宝园里）的活动，像在家中（或宝宝园里）同妈妈一起收拾、布置节日环境，挂上彩旗、彩灯等，利用节日家中来客人的机会，请客人喝水、吃饭等，还可以鼓励宝宝为客人表演节目等（宝宝园里可组织联欢活动），也可以让宝宝跟成人一起做家务，如择菜、扫地等，使宝宝在节日期间的生活内容丰富多彩。节日后，成人引导宝宝讲述节日期间都有什么愉快的事情。

6. 学说短句

目的：让宝宝学习代词"你"和"我"、问候语和关注语。

方法：

（1）谁来了。成人跟宝宝在有门的房间做游戏，情景表演：到朋友家做客，成人先示范做敲门动作"咚咚咚"，让宝宝问"你是谁"，成人回答"我是……"，如果有其他人和小朋友在场，也可以当做客人去敲门，让宝宝练习问"你是谁"。

> **特别提示**：开、关门时要注意安全，开门时朝向成人，不要对着宝宝。

（2）这是谁。先让宝宝观看全家人的相片，成人指相片中的人，问宝宝"这是谁"，"妈妈"；"这是谁"，"爸爸"；"这是谁"，宝宝可以指自己，也可能说自己的名字。然后成人引导宝宝指着自己说"我"，再出示宝宝过去不同时间、不同地点的相片，问宝宝相片上的人是谁，也可让宝宝主动介绍，反复让宝宝练习说"我"。

（3）小客人。布置一个"家"的环境，屋内的"小主人"由宝宝扮演，"小客人"去朋友家做客，先敲门说"咚咚咚"，小主人问"谁呀"，小客人回答后，小主人说"请进"，然后鼓励宝宝学说相互间的问候语，如："你好吗？""你身体好吗？""你的病好了吗？""你爸爸妈妈好吗？"等等，教宝宝体会和学说问候语。在日常生活中，成人要创造机会，让宝宝经常练习说问候语，鼓励宝宝学会说问候语。

（4）受伤了。成人或宝宝手上或头上贴上"创可贴"或缠上纱布，扮"受伤"的人，成人先示范用关注的话问："你怎么了？""疼吗？"然后鼓励宝宝也学会说关注别人的话，"你的手怎么了？""是破了吗？""现在还疼吗？""坐下休息一会儿好吗？"等等，在日常生活中，如当小朋友摔倒时引发宝宝用关注的话去关心小朋友："你摔倒了，疼吗？""我扶你起来好吗？"帮助小朋友或成人做事情："我帮你扣扣子。""妈妈，我帮你择菜。"等等，引导宝宝学会说关注的话。

◎ 认知能力提高训练

1. 多人游戏

目的：让宝宝学会使用代词"你、我"，用游戏激发宝宝的好奇心并引发思考。

方法：

（1）分水果。成人提前准备水果图片卡。可以同时让几个小朋友一起玩分"水果"（图片）游戏。成人指导某个宝宝把若干"水果"分别分给其他小朋友，要边分"水果"边说出"给你一个""给你一个"，几个小朋友都可以分别练习分"水果"，也可以两个小朋友一组或跟成人一起，说出"你一个，我一个"，然后说出水果图片名称，宝宝不认识的由成人来说。

（2）好玩的光。让宝宝拿一面小镜子，对着太阳光，通过反射，将光射到墙面上。几个小朋友玩耍时，跟着光的晃动便追赶起来。注意光不能直射宝宝的眼睛。

2. 找一找

目的：让宝宝学会分辨、比较，培养宝宝的观察力和认知水平，促进宝宝判断力的发展。

方法：

（1）大手和小手。让宝宝看看成人的大手，再看看自己的小手，问两只手有什么不同。成人和宝宝同时把手涂上颜色，并把手印在一张白色的画纸上。多印几次，等纸干后把一只一只手印剪下来。再让宝宝分一分，哪一只是成人的手印？哪一只是宝宝的手印？全部分完后，看看成人有几只手印，宝宝有几只手印。

（2）找错误。成人先画出3～4种小动物（宝宝熟悉的），有意识地少画眼睛或尾巴或耳朵或脚，让宝宝在画中找出这些动物缺少了什么，然后和宝宝一起把它添画上。这个游戏可训练宝宝认真、专注的精神，并鼓励宝宝能找出错误，改正错误。

（3）七巧板。准备七巧板，成人和宝宝一起玩七巧板图形，一边玩一边让宝宝认识形状。在宝宝认识后，成人可在纸上画出七巧板图形，让宝宝按照图形一个板一个板拼放上去。成人还可以用七巧板拼造人物、动物、交通工具等，让宝宝模仿。

3. 认识颜色

目的：训练宝宝对多种颜色的感知能力，提高其对颜色的分辨能力，并认识红色。

方法：

（1）成人动手制作八色球蝌蚪，可以用彩色丝袜（针织）装上海洋球，然后解系出一条长尾巴，装到一个大盒子（池塘）里面，对宝宝说："我今天给宝宝请来了很多好朋友（打开盒子），看它们长得多像小蝌蚪啊！"让宝宝用手摸一摸，感受一下玩具的质感，以发展宝宝的触觉。再引导宝宝观察"小蝌蚪"："我们看一看，它们都穿了什么颜色的衣服？"请宝宝说出他们认识的颜色，同时告诉宝宝不认识的颜色名称。成人用手拿着红颜色的"小蝌蚪"，模仿游水的样子游到"池塘"里，然后请宝宝说出是什么颜色的"小蝌蚪"游到池塘里了。成人变换不同颜色的"小蝌蚪"游到池塘里，请宝宝说出其颜色，再用语言提示，请宝宝按照要求从池塘里选择出对应颜色的"小蝌蚪"。继续进行游戏"小蝌蚪捶背"，宝宝抓着"小蝌蚪"的尾巴，扔向成人的背部，帮助成人捶背。成人可以问宝宝："是哪只小蝌蚪在帮我捶背呢？"请宝宝回答"小蝌蚪"穿的衣服的颜色。

（2）利用带宝宝到户外活动或到公园去的机会，成人要有意识地引导宝宝认识红颜色的花，然后回到家里。成人用红颜色的纸做一朵大红花，问宝宝："这是什么颜色的花？"当宝宝说对是红色的花后，把红花给宝宝戴上，表示鼓励。

（3）准备各种颜色的积木，让宝宝搭建着玩，然后成人拿出一个玩具，请宝宝给这个玩具用红色积木搭建一间房子。例如：出示一辆汽车玩具，请宝宝用红色积木给小汽车搭一间红颜色的房子。又如：成人出示一只小兔玩具，请宝宝用红色积木给小兔子盖一间红房子，让宝宝能从各种颜色的积木中选出红色积木盖房子。

4. 搬新家

目的：培养宝宝团结协作的精神，训练语言表达能力，让其知道并说出家里常用的物品。

方法：预先准备各种各样的摆设，如小床、小桌子、小凳子、盆子和桶，用各种纸箱做成的道具，如冰箱、大衣柜、电视机、沙发……让宝宝和成人一起搬家。先告诉宝宝："我们要搬家了，大家一起动手，布置我们的新家。"小的物件可以让宝宝搬，也可以两个人一起动手搬。每搬一件东西，都让宝宝告诉成人，搬进来的物件名称叫什么，并按照成人指定的位置摆放。全部搬完后，要让宝宝去洗手，再来看看新搬的家。培养宝宝爱劳动、爱家的精神，以及自己动手的能力，还可以直接以宝宝房间为实例进行布置。

5. 认识职业服装

目的：让宝宝了解4～5种职业的服装。

方法：成人穿上不同职业的服装，向宝宝展示，让宝宝认识不同的职业。例如：成人穿上医生的服装，白大褂、白帽子，戴着听诊器，引导宝宝知道这是做什么工作的服装。又如：爸爸穿上警察的服装，引导宝宝认识警察帽子上的装饰标志、肩上的标志等。让宝宝知道：医生是给病人看病的，警察是指挥交通、抓坏人、帮助有困难的人等。

6. 认识水、冰、火

目的：通过体验，提高宝宝的认知能力，引起宝宝对自然变化的兴趣。

方法：

（1）成人预先冻一部分冰块备用，从冰箱里拿出冰块，放在小杯里。让宝宝观察冰块的变化，成人引导宝宝说出冰块融化后就变成了水，之后再将融化的水放进冰箱，冻成冰块给宝宝看。还可以让宝宝用手来拿冰块，感受温度。很冷的时候水就会变成冰，冰在暖和的地方就会融化成水。

> **特别提示：**冻冰块的水最好用矿泉水或饮用水，同时防止宝宝把冰块放到嘴里。

（2）成人在小碗里放一块冰，让宝宝用手摸一摸；点一支蜡烛，让宝宝把手靠近，问他有什么不同的感觉。然后让宝宝观察冰块的融化和蜡烛的熔化。当宝宝看到融（熔）化后的水和蜡时，成人要告诉宝宝融（熔）化的道理，给他讲解火的用途和危险性，并告诉他不能玩火。

◎精细动作能力提高训练

1. 切一切，看一看

目的：培养宝宝的手眼协调能力，同时让其懂得分享的快乐。

方法：成人准备面包或馒头的切片玩具，也可以用实物馒头、面包、饼均可，引导宝宝看一看，都有哪些好吃的早餐食物。成人先演示拿刀的正确方法：用左手拿住刀背，右手握住刀把。示范时动作要慢，请宝宝看仔细。用刀将早餐食物分成几部分，让宝宝用手数一数，每种食物由几部分组成？引导宝宝说一说，每种食物应该分给几个人吃？成人将切好的食物重新放回原处，引导宝宝将早餐食物切开分一分，分给爸爸、妈妈、爷爷、奶奶等，让宝宝知道好吃的东西要全家人一起吃。

> **特别提示**：注意刀的正确拿法，培养宝宝的安全意识。

2. 小画家

目的：培养宝宝的绘画兴趣及粘贴的精细动作，训练其观察力和想象力，以及手眼协调的能力，并学会画基本线条。

方法：

（1）小彩旗。成人准备三角形的彩纸、固体胶、塑料管若干、彩笔。游戏开始，成人出示各色彩旗，吸引宝宝，问："小彩旗好不好看？""我们一起再做几个好不好？"成人示范，先在三角形彩纸上绘画，再用塑料管沿着三角形的一边卷起，并用胶水固定，一个彩旗就做好了。然后引导宝宝一起制作。成人可以让宝宝随意画出图案，并制作给家里人，每人发一个。让宝宝手拿彩旗，组织家人排队，模仿旅游团、幼儿园等活动。

（2）画中画（猫头鹰）。成人可以自制一张由钟、大西瓜、鱼、蘑菇拼接的猫头鹰图片，告诉宝宝这是猫头鹰，然后让宝宝去找出画中画，看宝宝能从中找出几种。成人也可以对宝宝没有找出的东西加以提醒，同时要鼓励宝宝，每找到一种及时给予表扬。

（3）蒙纸画（描画）。成人准备一些蒙纸画、水果、日用品、动物、家具等，让宝宝先照着画出轮廓，然后给自己的画涂上颜色。每次学一样，慢慢地，宝宝通过描画学会拿笔，学会画一些基本线条，为以后画画打好基础。

3. 剪一剪

目的：通过认识图形和颜色，让宝宝学会使用剪刀。

方法：先在一张纸上画出三角形、方形、圆形（涂满颜色），让宝宝把这三个图形用小剪刀剪下来（用圆头的儿童小剪刀）。成人必须教会宝宝怎样握剪刀、怎样剪，要有耐心，多次训练，使宝宝学会使用剪刀。

4. 穿珠子

目的：训练手眼协调，使宝宝的手和手指能熟练穿洞眼，培养其竞争意识。

方法：

（1）出示5个珠子、5个扣子和一条尼龙绳，启发宝宝：这几样东西能做什么呀？——项链。那你愿意做一条项链送给妈妈吗？好，现在咱们就开始做。开始做时成人看一下表，一分钟穿完即达标。

（2）成人准备穿珠玩具或自己制作一些带大孔（两厘米以上）的珠子，与宝宝一起玩"穿项链"比赛活动。爸爸当裁判，宝宝和妈妈比赛。如，把塑料或木制的小珠子穿成一串，并让宝宝给玩具动物戴上，还可以根据色彩搭配，穿出好看的项链，让宝宝自己评价哪个更漂亮。

> **特别提示：** 成人要尊重宝宝的创造。将材料准备好，任宝宝发挥，怎样穿都行。珠子要装到一起，避免散落，还要注意不能让宝宝吃到嘴里。

5. 倒一倒

目的：训练宝宝双手的平衡能力及手眼协调能力。

方法：

（1）倒米。成人先示范，将大盆放到小桌子上为接米用，手平举两个杯子在胸前，将有米的杯子中的米倒入另一个空杯子里，来回倒几次，告诉宝宝米不能洒出来，然后让宝宝学着把米从这个杯子倒入另一个杯子里。来回练习倒米，让宝宝掌握不洒米的本领。成人将杯中的米逐步增多，让宝宝练习倒米直至不让米洒出来。

（2）倒水。成人先示范，将两个杯子举在胸前，把水从一个杯子倒入另一个杯子中，再将水倒回。两个杯子来回倒水几次，告诉宝宝水不能洒出来，然后鼓励宝宝自己来回倒水，而使水不洒出来。开始杯中的水可以少一些，当宝宝掌握了平衡，水不洒出来以后再逐步增加水量。成人鼓励宝宝说："你的本领真大！"

6. 系扣子

目的：培养宝宝的自理能力，学习自己系扣子，练习手眼协调及手指的灵活性。

方法：

（1）成人用语言引起宝宝注意，出示3个扣子、1根尼龙绳，用尼龙绳穿入3个扣子，让宝宝拿住绳子一端，自己拿绳子的另一端，把绳子拉直后用手指轻轻转动扣子，或用手轻轻振动绳子，使扣子在绳子上移动，引起宝宝兴趣。然后鼓励宝宝自己穿3个扣子，穿好后成人对宝宝进行鼓励，并用宝宝穿好的扣子和他一起做游戏。

（2）成人与宝宝玩游戏，通过比赛的形式让宝宝熟练掌握系扣子的技能。开始时让宝宝当裁判，爸爸妈妈比赛给娃娃系扣子，看谁给娃娃穿衣服穿得又快又整齐。宝宝感受到乐趣以后就会积极参与进来，三个人可以交换角色，反复进行游戏。

日常生活中，当宝宝需要穿衣服时，成人要有意识地让宝宝试着练习系扣子。宝宝穿好衣服独立完成系扣子时，成人检查是否系整齐了，并及时给予鼓励。成人可以故意把扣子系错，让宝宝帮着检查，使他主动发现扣子系不对衣服就会不整齐，即一个襟长一个襟短。

八、情商启迪

情商游戏

1. 食物分享

目的：让宝宝懂得分享，能够理解平分的含义，以促进其良好的社会性发展。

方法：

（1）成人拿出玩具，引导宝宝看一看，都有哪些好吃的早餐食物。

（2）成人将早餐食物分成几部分，引导宝宝数一数，早餐食物由哪些组成？

（3）引导宝宝说一说，这些食物应该分给几个人吃？

（4）引导宝宝分一分，分给爸爸、妈妈、爷爷、奶奶等，使其懂得好吃的东西要家人一起分享。

2. 幸福的家

目的：锻炼宝宝能与人和平相处，服从指令。

方法：成人请来邻居的小伙伴同宝宝一起玩"过家家"，年龄稍小的孩子喜欢听大孩子的吩咐参与到游戏中，比如：大孩子请小孩子帮助拿玩具啦，帮助喂娃娃吃饭啦，帮助买菜啦等等。小孩子们乐于服从，乐于打下手，也乐于参加到家庭游戏中充当小角色。大孩子们当爸爸、妈妈，小孩子自然就充当孩子了，各得其所，乐在其中。宝宝最小，在这个家庭中，她自然扮演孩子。在游戏中，宝宝渐渐地学会与人和平共处，得到人际关系的经验，在这个幸福的家庭中，宝宝的社交能力也得到了锻炼。

3. 学会迁就和体谅

目的：锻炼宝宝的社交能力，积极参与游戏，乐于服从。

方法：宝宝在家中习惯于独占玩具，成人与宝宝游戏时总是迁就他，所以宝宝不懂得体谅别人。同小朋友一起玩"过家家"，如果宝宝很霸道，小朋友都不会喜欢他，也不愿意跟他玩。宝宝遭到了拒绝，但他很快就明白了：要想大家跟自己玩，玩具不能独占，还要听从别人的吩咐和意见。宝宝害怕别人不同自己玩，所以处处要使自己符合大家的意愿，这样的教育只有在游戏中才能得到，是家庭与父母不可能代替的。为了使宝宝进入幼儿园能很快适应集体生活，成人要有意识地让入园前的宝宝有机会同年龄不同的孩子游戏，请他们到家里来玩，或让宝宝参加有同伴的群体活动，使他们能短期离开成人或监护人，同小朋友们一起做各种游戏。

4. 学会信任

目的：锻炼宝宝勇敢，以及克服胆小害怕的心理。

方法：集体活动中，小朋友们围成圆圈坐好，其中一个小朋友站在圆圈中间，成人用小手帕叠成条蒙住他的眼睛，让他的妈妈在圆圈外的不同位置呼唤他的名字，孩子寻声前去寻找妈妈。孩子前进时，妈妈用温柔的声音呼唤他的名字，让他准确地找到妈妈所在的位置。找到后让小朋友们为其鼓掌，换下一位小朋友继续游戏。

5. 听话取物

目的：训练宝宝对语言的理解能力，提升他对事物关系的理解能力。

方法：

（1）准备各种有关联的图片3~4张，如交通工具类（自行车、公共汽车、卡车、轮船），日常用品类（毛巾、脸盆、碗、勺子），玩具类（洋娃娃、拨浪鼓、毛毛狗、积木），衣物类（上衣、裤子、帽子、手套）等。

（2）将这些图片散落在地上一一铺开。成人描述要宝宝拿起图片，例如，宝宝早晨起床后去幼儿园，要穿什么衣服呢？让宝宝把衣物类的图片都拿起来，放到一边的小篮子里。成人又说：宝宝从家里到幼儿园很远，怎么去呢？宝宝在幼儿园最喜欢什么样的玩具呢……

（3）成人可以根据准备的图片，问宝宝各种相关的问题，让宝宝通过成人的描述，将同种用途的物品图片分类拿起来。

九、玩具推介

　　这个年龄段的宝宝可以选择S形平衡木、平衡触觉板等玩具进一步训练平衡能力，提高其自信心。这个时期的宝宝对容量的多少已经有了一定的认识，成人应该为宝宝选择不同高矮、不同粗细的容量瓶作为玩具，帮助其建立容量大小的概念。宝宝此时的视觉统合能力也有所提高，可以选择不同大小的瓶子和对应的瓶盖作为玩具，训练其观察力和手、眼、脑的协调能力。宝宝还能够做更复杂的拼插游戏，可以选择小雪花片、构图游戏、手工组合等玩具，来提高他们的空间知觉能力、想象力和创造力。

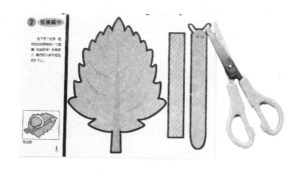

十、问题解答

1. 宝宝用药形式有哪些?

很多成人会觉得吃药不就是喉咙一吞就好了吗,为什么宝宝吃药这么麻烦?其实那是因为宝宝的吞咽功能尚不成熟,嘴里充斥着一堆不知名的味道,难免会产生抗拒的心理。成人看着宝宝挣扎的模样,当然舍不得看下去。但是,既然宝宝已经生病了,还是要在医师的指导下,乖乖地把药吃完!

因为宝宝的各器官功能尚未发育成熟,对药物的解毒功能和耐受能力均不如成人。因此,用药必须严格掌握剂量,否则会影响宝宝的治疗效果,甚至会发生中毒。一般来说,宝宝的用药和体重息息相关,并视病情和个人差异而略有调整。由于0~4岁的宝宝吞咽功能不佳,相对没有办法吞下药片、胶囊这类需要搭配较多水的药物,所以此阶段内的用药以药粉及药水两种为主。然而部分药物磨成粉状,可能会和其他药物产生交互作用,影响原本的药效,加上部分药物无法磨粉使用,所以现今医学比较倾向使用药水,如无合适的药水,则可另由医师计算总量。如果是药水,成人可以用小勺来喂;如果是药粉,则可以稀释在宝宝喜欢喝的汤汁中。不管宝宝怎样啼哭,成人都需要保持镇定,坚持让宝宝把药吃完。

2. 宝宝怕生人怎么办?

有的宝宝在家非常活泼,在外面却怎么都不肯说话。那么,怕生人的宝宝的父母就需要回想一下:宝宝是不是很少有和小伙伴交往的机会?宝宝是不是大多数时间都是跟最熟悉的家里人在一起,而很少跟陌生人来往？宝宝是不是长期和保姆或者其他人住在一起，父母很少有时间照顾宝宝？如果上面说的情况符合宝宝平时的生活状况，那么宝宝害羞怕生就能找到原因了。

宝宝刚出生的时候对着谁都给以灿烂的微笑，也很乐意被周围的叔叔阿姨们抱出去玩。当长到6个月大的时候，宝宝可就不乐意了。若不是家里的人或者保姆，宝宝才不愿意朝他们笑，让他们抱呢。这就是怕生的开始：宝宝的识别能力越来越强，他已经能够区分熟人和陌生人，对于熟悉的环境和新环境也能够辨认。宝宝这种一碰到陌生人或者新环境就哭的状况，会持续很长一段时间。宝宝到两岁以后，他逐渐开始喜欢与别人交往，特别喜欢和同年龄的小伙伴玩耍。所以，那些经常有机会和小朋友一起玩，或者经常有机会去接触陌生面孔的宝宝，对于新环境和陌生人的适应能力就逐渐得到锻炼，虽然刚开始见到陌生人也会不理不睬，但是很快就会玩熟了。

而那些缺少社交机会的宝宝，不懂得在游戏中如何保护自己，也不懂得如何与同伴交往，当然也不愿意去接触新人、新事物，如此则形成恶性循环。如果宝宝没有得到充足的爱，或者家里经常吵吵闹闹缺乏和睦，也会引起宝宝缺乏安全感，显得怕生胆怯。

因此，成人要给予宝宝充分的支持和信任。其中包括给宝宝创造良好的同伴交往机会，比如经常邀请同事带孩子一起玩耍，在游戏中引导宝宝懂得如何去和其他小朋友友好相处。成人要经常带宝宝到社区里或其他陌生环境，增加宝宝和陌生人的接触；在一定时候可采取奖励的手段鼓励宝宝在陌生环境中控制自己的情绪；在宝宝确实害怕的时候，及时给予亲情的支持（如微笑、抚摸或拥抱），而不是嘲笑他胆小、没用。别看宝宝的年纪小，可忌讳成人在众人面前嘲笑他了。

31~33个月的宝宝

31-33 GE YUE DE BAOBAO

一、发展综述

过了两岁半的宝宝，走、跑、跳等基本动作更加协调，身体控制能力进一步提高。这个时期的宝宝已经能够双脚离地，跳过至少20厘米远的距离。宝宝的小手也更加灵活，一般他会自己脱衣服、脱鞋、袜，穿鞋、袜和裤子，并会解按扣和解大一点的扣子。宝宝还能够搭10块高的方积木，能够画出没有明显尖角的圆，并力求圆的两头相交。在游戏中，无论是大运动还是精细运动，宝宝都能协调运用各种技能。

随着宝宝接触实物的增多，他们已经可以分清红、黄、蓝、绿四种颜色；能辨认出3以内的物品数量；认识日常用品、交通工具等；并能区分上、下、前、后；认识水果和蔬菜；喜欢研究小动物。这个年龄的宝宝已经可以和成人做抛接球的游戏了。

由于宝宝的语言和动作发展日趋成熟，认识范围不断扩大，好奇心和求知欲也不断增强，因此，宝宝很希望与人交往，愿意和小朋友一起玩。这个时期，宝宝开始对自己是男孩还是女孩有了初步的认识，一些宝宝会明确地说出自己是男孩还是女孩。

这个阶段的宝宝说话和听话的积极性都很高，语言水平也在逐步提高，是掌握基本语法和句法的关键期。这个时期对宝宝说话尽量不说儿语，要说标准的语言，以促进其对语法和句法的掌握。

二、身心特点

（一）体格发育

1. 身长标准

男童平均身长为93.7厘米，正常范围是89.6～97.9厘米。

女童平均身长为92.8厘米，正常范围是88.6～97.0厘米。

2. 体重标准

男童平均体重为14.0千克，正常范围是12.4～15.6千克。

女童平均体重为13.3千克，正常范围是11.8～15.0千克。

3. 头围标准

男童平均头围为49.1厘米，正常范围是48.1～50.1厘米。

女童平均头围为48.1厘米，正常范围是46.9～49.3厘米。

4. 胸围标准

男童平均胸围为50.5厘米，正常范围是48.5～52.5厘米，

女童平均胸围为49.5厘米，正常范围是47.7～51.3厘米。

（二）心理发展

1. 大运动的发展

这个年龄段的宝宝已经会控制重心，可以比较自如地行走、跑跳，宝宝不仅能够跳远达20～30厘米左右距离，还可以跳高达5～10厘米。

成人要经常带宝宝练习走"平衡木"，以提高其身体的平衡能力和控制力。这个时期的宝宝能熟练地骑三轮车，前行、后退、转弯都可以，能踩着横梯架上下攀登。宝宝还可以独自双脚交替上下楼梯，可以单脚站立30秒左右，能够将球举手过肩抛出2米左右的距离。

2. 精细动作的发展

这个年龄段的宝宝对手部精细动作的控制能力增强，能完成一些更为细致的工作，比如按一定形状撕纸，用拼插玩具拼出复杂图形，能将4~6块切分开的图形玩具重新拼装组合。这个时期的宝宝已经会简单折纸，将正方形折成长方形，再折成小正方形，或者将正方形折成三角形，再折成小三角形，再折成狗头等，还可以将橡皮泥搓成长条或做成小动物的样子。

3. 语言能力的发展

这个年龄段的宝宝已经积累了很多日常应用的词汇，并能够基本理解成人问话的意思。成人说一些表示动作的词，宝宝就能够模仿其动作。宝宝还能够说出多种常用物品的用途，理解相反概念，并能对答反义词，比如，成人说"大"，他能对应"小"；成人说"高"，他能对应"矮"，可以说出十对左右。能够说出两种以上颜色的名称。能够说出家里人的性别。能够回答故事的问题：这是谁？在哪里？准备干什么？遇见了谁？事情有何变化？结果如何？说明什么问题？要记住什么教训？等等。

4. 认知能力的发展

这个年龄段的宝宝可以进行手口一致的点数，一般能点数到5。唱数可以从1数到10或30，有的在19或29的地方需要稍微提示。可以书写"1、2、3"三个数字和简单的汉字。这个时期的宝宝能够在图画书中认识各种职业，在现实生活中可以认识穿固定服装的职业，如警察、医生等。宝宝能够懂得前后、上下、里外等方向。宝宝玩"包剪锤"游戏时，懂得输赢。宝宝知道在固定的地方取需要的物品，用过之后能放回原处。

5. 自理能力的发展

这个年龄段的宝宝可以开始学习使用筷子，初期虽然只能夹一些容易夹起的食物，但一定要给宝宝充分的练习机会。这个时期的宝宝穿鞋时可以分清左脚和右脚；会穿背心、内裤等，能分清前后；会解按扣、粘扣、纽扣等，有的可以自己解开裤钩。宝宝可以开始学习自己刷牙、自己挤牙膏。

三、科学喂养

（一）营养需求

1. 粗粮里的营养素

在宝宝的成长发育过程中，饮食要注意粗细搭配，满足营养多样化的要求。细粮，如我们平时常吃的白米、面粉，在精加工过程中损失了部分无机盐、维生素，其主要成分为淀粉，而蛋白质、脂肪、维生素的含量相对较少；粗粮，如小米、玉米、高粱，含有相当多的磷、铁、镁等微量元素，粗糙的外皮含有丰富的维生素。经常吃细粮，容易导致营养素缺乏症，如缺少维生素B1会引起脚气病，宝宝还会出现头痛、失眠等症状。在宝宝的日常食物中适量地加入粗粮，可以弥补细粮中某些营养成分的不足，从而使宝宝摄取的营养更加均衡。粗粮还能锻炼宝宝的咀嚼能力，有利于乳牙的成长。

2. 碘与宝宝发育

世界卫生组织在日内瓦发表的一项公报中告诫，要防止儿童因缺碘而引起的各种障碍。公报说，2001年出生的5000万名宝宝在胎儿时期都没有采取任何防止缺碘引起障碍的保护措施，因而在出生后可能面临不少问题，如孕妇甲状腺机能减退所显示的碘缺乏，可能导致宝宝大脑病变而引起智力发育滞后的严重后果；而智力发育滞后可造成儿童学习成绩不好、智力低下、工作能力差，甚至痴呆。据调查，缺碘人群比富碘人群的智商平均要低10~15点。碘缺乏导致的健康问题包括：甲状腺肿大、死产、甲状腺机能减退。然而，碘缺乏最严重的后果是由于母亲甲状腺机能减退导致胎儿发育过程中的脑损伤，从而导致后代智力障碍。事实上碘缺乏是世界上引起儿童时期脑损伤最常见的独立因素。克汀病是最严重的后果，一般典型的表现是学习能力差、智力以及工作能力低下的轻度脑损伤。世界卫生组织援引营养专家的话说，只要日常注意吸收足够的碘，就能避免以上所说的各种障碍。为此，世界卫生组织倡导的一个基本解决方法是食用加碘食盐。海产品，如海带、紫菜、海参、海蜇、蛤等均含有丰富的碘，山药、大白菜、菠菜、鸡蛋等也含有碘。

（二）喂养技巧

1. "厌食"问题

（1）偶尔不爱吃饭。宝宝每天的食量不可能一成不变，时多时少都是很正常的现象，成人不必过于担心。宝宝的食欲也不会每天都像成人所期望的那样旺盛，有时因为睡眠不好、前顿吃撑了等原因都会影响到食欲。所以不能随便给宝宝扣上厌食的帽子，或着急带宝宝看医生，或强迫宝宝进食，或表现出急躁情绪，这不仅不能增进宝宝的食欲，反而会引起宝宝对吃饭的反感。

（2）短时食欲欠佳。因为某种原因，引起宝宝短时食欲欠佳，比如感冒了，宝宝的食量就会有所减少。发热时宝宝也不爱吃饭，胃部着凉或吃了过多的冷食，摄入过多食物或摄入过多高热量食物，导致宝宝积食等等，都可能造成宝宝短时间食欲欠佳，这些情况都不是厌食。

（3）一段时间食欲不振。由于一些原因导致宝宝在某一段时间内食欲不振，如在炎热的夏季，患胃肠疾病后导致消化功能不良等，都会使宝宝在某一个阶段食欲不振，这也不能视为宝宝厌食。随着季节的转凉，消化功能的改善，宝宝食欲会恢复正常的。

2. 垃圾食品

油炸类食品：导致心血管疾病的元凶（油炸淀粉）；含致癌物质；破坏维生素，使蛋白质变性。

腌制类食品：导致高血压、肾脏负担过重；导致鼻咽癌；影响黏膜系统（对肠胃有害）；易患溃疡和炎症。

饼干类食品（不含低温烘烤和全麦饼干）：食用香精和色素过多（对肝脏功能造成负担）；严重破坏维生素；热量过多，营养成分低。

汽水、可乐类食品：含磷酸、碳酸，会带走体内大量的钙；含糖量过高，喝后有饱胀感，影响正餐。

方便类食品（主要指方便面和膨化食品）：盐分过高，含防腐剂、香精（损肝）；只有热量，没有营养。

罐头类食品（包括鱼肉类和水果类）：破坏维生素；热量过多，营养成分低。

话梅、蜜饯类食品（果脯）：含亚硝酸盐；盐分过高，含防腐剂、香精（损肝）。

冷冻甜品类食品（冰激凌、冰棒和各种雪糕）：含奶油极易引起肥胖；含糖量过高，影响正餐。

烧烤类食品：含大量"三苯四丙吡"（三大致癌物质之首）；导致蛋白质炭化变性（加重肾脏、肝脏负担）。

加工类食品（牛肉干等）：含亚硝酸盐；含大量防腐剂，会加重肝脏负担。

3. 注意事项

在科学喂养宝宝的过程中，成人一定要注意以下问题：

（1）饮食结构不合理。过多摄入高糖、高蛋白、高脂肪等浓缩食品，如巧克力、奶糖、果奶、奶酪、干奶片等；过多食入话梅、果冻及膨化食品，损伤脾胃，都会影响宝宝的正常食欲。

（2）暴饮暴食。有的成人看到宝宝喜欢吃某种食品，就毫无限制地让宝宝吃个够，从而养成了宝宝暴饮暴食的不良饮食习惯。

（3）偏食、挑食。宝宝天生喜欢吃甜的、香的，而不喜欢吃蔬菜和杂粮。宝宝尤其喜欢吃烧烤、油炸食品。油炸食物高温制作，其中的维生素等营养成分受到破坏，而且还会产生一些有害物质。油炸食物也不易消化吸收，会增加胃肠道负担，引起消化不良，甚至腹痛、腹泻、呕吐及食欲下降。烧烤类食物降低了蛋白质的利用率，导致宝宝营养不均衡。

（4）过多摄入冷食。宝宝胃黏膜娇嫩，对冷热刺激都十分敏感，易受到冷、热食的伤害。若进食冷热不均，更易损害其胃肠道功能。幼儿非常喜欢吃冷食，过多进食冷食会引起胃肠道缺氧、缺血，致使胃肠道功能受损，出现一系列胃肠道功能紊乱症状，导致食欲下降，甚至厌食。

（5）过多饮用饮料。宝宝普遍喜欢喝酸甜的饮料，如碳酸饮料、咖啡饮料、可可粉饮料等都可引起腹部胀气、嗳气和消化不良，使宝宝食欲减低。

（三）宝宝餐桌

1.一日食谱参照

8:00：菜粥（小白菜、胡萝卜）、开花馒头、素什锦（甜咸）。

10:00：牛奶。

12:00：米饭（清炒虾仁）、薰干芹菜、西红柿鸡蛋汤。

15:00：牛奶、梨。

18:00：千层饼、肉末蒜苗、清炒西葫芦、黄瓜蛋花汤。

21:00：三明治、酸奶。

2.巧手妈妈做美食

蘑菇鸡肉粥：蘑菇、鸡胸肉、粳米各适量。蘑菇和鸡肉切末炒熟，放入熬好的粳米粥。

海带猪肉汤：猪肉150克，水发海带250克，植物油、酱油、精盐、白糖、葱、姜末少量，湿生粉75克。海带洗净，切细丝，放入锅中蒸软烂后，取出待用。猪肉清水洗净，切丝，入油锅猛火煸炒1～2分钟，加入葱姜末、酱油翻炒，再投入海带丝、清水（以漫过海带为度）、精盐，再猛火炒1～2分钟，勾芡出锅即成。

西红柿粉皮炒瘦肉：猪瘦肉250克，西红柿400克，粉皮500克，植物油、酱油、精盐、葱、姜末少许。将猪肉洗净剁成碎末，西红柿洗净，用开水烫一下，去皮切成小片。将油放入锅内，热后下入葱姜末炝锅，再将肉末放入炒散，加入酱油、精盐略炒，投入西红柿炒几下，再投入粉皮，用旺火快炒几下即成。

西红柿豆腐汤：豆腐500克，西红柿500克，植物油、精盐、味精、料酒、姜末少量，水淀粉80克，高汤1500毫升。西红柿、豆腐分别用开水烫一下，西红柿去皮，切成1厘米见方的丁，待用。油放入锅内，下入姜末炝锅，加入高汤、西红柿、豆腐、精盐、味精、料酒搅匀，煮沸后撇去浮沫，再用湿生粉勾芡即成。

四、护理保健

护理要点

1.拉撒

★宝宝生殖器的"保卫战"。

常有家长苦恼地问："我家宝宝总摸自己的小鸡鸡,羞死人了。怎么办呢?"其实,在这个年龄段,宝宝对身体的探索和性的关系不大,更多的是因为您的孩子发现摸生殖器让他感觉不错。儿童心理学分析:孩子成长的过程是一个不断探索外部世界和自身世界的过程,所以,孩子对性的探索是他们探索未知世界的一部分。理论上讲,七八个月时,宝宝的小手就应该偶尔摸到过自己的生殖器,不过这时,如同摸到眼睛、耳朵一样,他完全是无意识的探索。慢慢地,这种探索开始在好奇心的驱使下增多,但仍然不会受性欲和性幻想的驱使,他们只产生感官上的愉悦反应,而不会引起各种复杂的情感反应。

因此,家长千万不要以成人的想法,以粗暴的态度去羞辱、指责宝宝,以免使他产生恐慌,增强逆反心理。而且,越禁止,越容易使宝宝感到神秘,会越感兴趣。

(1)告诉宝宝"那样会生病"。用脏手经常去玩弄生殖器,会使细菌侵入到生殖器及尿道口内导致感染。告诉宝宝这个道理,他应该能明白"生病"是什么感觉。如果宝宝无视您给他的提醒,要想想看,为什么他需要安抚和自我刺激,而不考虑您的提示?是不是幼儿园或家里发生了什么让他难过的事情?有些原因(如最近搬家或者某个亲密的亲戚或朋友离开了)会引起宝宝的情绪焦虑,可能会导致他用这种方式安抚自己。

（2）用衣服隔离保护。家长要给宝宝穿满裆裤，使他的小手没有机会直接接触生殖器；选择内裤要宽松舒适，以免勒得宝宝不舒服，所以总用手去帮忙。

（3）转移法。当成人发现宝宝玩弄生殖器时，千万别大惊小怪，即使您心里在忐忑不安，也要装着很平静的样子，用游戏或有趣的玩具吸引他的注意力，从而减少抚弄次数。

（4）教宝宝自护。用形象的教育才容易使宝宝记得清楚，比如给宝宝说穿内衣的地方除了妈妈不可以让别人看，也不可以让别人摸。如果有人摸了的话，一定要赶快告诉妈妈。

> **特别提示：**如果以上方法都无效，家长就要考虑是否由感染或炎症刺激引起的，需带孩子及时就医。

2. 睡眠

★**早睡早起身体好。**

每天能早早上床睡个好觉是忙碌了一天的爸爸妈妈梦寐以求的事，如果自己还想有点时间，那更得养成宝宝早睡早起的好习惯。

首先，成人一定要了解宝宝为什么到该睡的时间还不睡。可能因为宝宝精力旺盛，白天活动量不够。有时候宝宝明明呵欠连连，还是不肯睡，那是因为他怕睡着会错过成人的活动，尤其是晚上家里有客人来访，气氛正热闹，突然叫宝宝去睡觉，他会不甘心；有的孩子是怕黑或孤独；有的是午睡时间长了，真的不困；还有的是睡前情绪过于兴奋，一时无法平静下来。建议成人让宝宝每晚都在温馨的气氛下安然入睡，这对宝宝的成长和亲子关系大有帮助。以下几种方法可供家长参考：

（1）每天按程序做睡前准备工作。例如洗澡、刷牙、换睡衣、尿尿等，上床后，可以讲讲故事、聊聊天、哼首儿歌、一起看看图画书。但是不要选择会使宝宝激动、兴奋、害怕或引起好奇的内容。在帮宝宝盖好被子之前，最好再问他一次："宝宝，你还有没有什么事吗？"免得他一会儿要尿尿，一会儿要喝水，故意找理由拖延。

（2）玩一些黑暗中的游戏。对于害怕黑的宝宝，成人可以利用夜间培养他独立、勇敢的好品质。如一起玩"藏宝"游戏，鼓励他慢慢适应在黑暗中寻宝；玩点着蜡烛"说悄悄话"的游戏，让他感觉夜晚也有那么多温馨的、好玩的事。

（3）适当以午睡时间调节宝宝的早起时间。成人会问："宝宝睡了午觉晚上还会早睡吗？"其实，只要早上起得早，午睡最好不超过 1 个小时，到了晚上 8 点，宝宝自然又会想睡觉。成人如果回来晚，不可让宝宝也跟着晚睡，破坏宝宝的生活习惯。宝宝如上床时间长还睡不着，切勿责骂他，或催促着让他睡，这样反而使宝宝更兴奋、越发睡不着。

3. 其他

★ **居家安全。**

这个年龄段的宝宝活动范围增大，安全问题就随之产生。以下列出部分居家的安全问题，不仅需要在日常生活中反复给宝宝讲，成人还要采取安全、合理的操作游戏，才能真正发挥防范作用。

（1）小心异物卡噎。切忌给宝宝吃饭时逗笑、玩闹、游戏；给宝宝吃坚果或容易呛的零食，如糖豆、果冻时，一定不能离开他。

实验：让宝宝种豆芽，告诉他：如果豆豆塞到鼻孔或耳朵里，就会像豆皮一样被撑裂。

（2）保护眼睛。告诉宝宝眼睛在生活中的重要作用及如何保护，如看电视时的用眼及卫生；要提防利器扎伤眼睛，告诉宝宝不能用尖利的木棒、铅笔等对着自己或他人挥舞，如果别人在做这些危险动作时也要避开。

实验：让宝宝用放大镜在阳光下聚焦，告诉他不能对着强烈的阳光看，否则眼睛也会像纸片一样被烧焦。

（3）预防烧、烫伤。烧、烫伤是生活中常见的意外事故，成人应注意别让宝宝够到桌面上的开水壶或炉火上的汤锅等。

实验：让宝宝快速接触热锅，或在肉下锅时让宝宝看看响声及颜色，让他理解什么是烫伤。

（4）预防溺水。关好家里的洗衣机、马桶，以防因宝宝好奇而爬进去或不小心栽进水里。

实验：让宝宝把头埋在一盆清水中，让他体会憋气时很难受。

（5）电器安全。让宝宝远离通电发热的电器，如电烤箱、电熨斗等。

实验：让宝宝摸摸刚用电熨斗熨烫好的衣服，让他切身体会有些电器通电后会烫手，并引导他找出家里的这类电器。

（6）洗涤剂安全。将家中的洗涤剂都放到宝宝够不到的地方，或干脆把它们锁在一个柜子中。同时，还得告诉宝宝洗涤剂喝到肚子里会很痛苦。

实验：让宝宝给一盆花浇些洗涤剂或洁厕灵，让宝宝观察花叶变黄掉落的样子，让宝宝明白洗涤剂会伤害动植物。

（7）危险地带。告诉宝宝阳台、插座、电表盒、电扇转轮等都是危险的。

实验：和宝宝一起动手做几个醒目的安全提醒标签，贴在家里的危险地带，让宝宝牢牢地记住贴上标签的地方不可以玩耍。

五、疾病预防

（一）常见疾病

1.急性化脓性中耳炎

急性化脓性中耳炎多见于婴幼儿，常伴发急性上呼吸道感染以及急性传染病。

原因：婴幼儿的咽鼓管宽，而且位置呈水平，咽部炎症容易顺着宽而平的咽鼓管波及到中耳，如果哺乳不当就会使得婴幼儿呛咳，乳汁流入鼻咽部经咽鼓管进入中耳，以上因素是婴幼儿急性中耳炎多发的原因。急性化脓性中耳炎的致病菌常为溶血性链球菌、肺炎球菌、金黄色葡萄球菌等。

表现：婴幼儿常常表现为啼哭、吵闹、抓耳、摇头伴发高热，这时就要考虑此病。如果炎症影响到邻近脑膜，小儿就可以出现脑膜刺激症。较大儿童可诉耳痛、耳鸣、听力减退，还可以出现食欲不佳、呕吐、腹泻等。当脓液积聚穿破鼓膜，即可造成小儿鼓膜穿孔，这时外耳道可见脓液流出，随之耳痛减轻。

防治：增强体质，预防和及时治疗上呼吸道感染，感冒时不要使劲擤鼻涕，这都是预防急性中耳炎的有效措施。小儿患麻疹、猩红热等疾病容易并发急性中耳炎，所以要做好预先防范。在治疗方面，首选青霉素积极控制感染，剂量要足，疗程要够，要在小儿发热、耳痛、流脓停止、鼓膜充血消失后继续用药一周。同时给其局部用药点滴，未穿孔之前用3%酚甘油，穿孔后用双氧水清洗，再局部使用金霉素，或者氯霉素等抗菌素，必要时可做鼓膜切开。

2. 鼻出血

鼻出血是婴幼儿期常见的症状。4～10岁儿童更多见。

原因：鼻中隔靠前部的两侧各有一个小血管区，婴幼儿时此区黏膜幼嫩，极容易破溃而出血。尤其当鼻腔感染、黏膜溃烂、用力擤鼻涕、打喷嚏、用手挖鼻孔、鼻腔异物、干燥等都可促使鼻腔出血。婴幼儿鼻出血90％以上都是此部位。另外，鼻腔肿瘤、血液病、维生素缺乏等也可引起出血，但较少见。

表现：婴幼儿站位或坐位时，血由鼻前孔流出，卧位时多流向鼻后孔。出血量大小不一，以轻度出血为多见。

防治：婴幼儿鼻出血90％以上位于鼻中隔的血管区，此区血管虽然很丰富，但都很细小，不会在短时间内失血过多。止血的方法也很简单：首先用手指捏住鼻的两翼，使其压住鼻中隔血管区，然后低下头，便可止血。之后冷敷前额，使鼻腔小血管收缩，减少出血。

鼻出血时不要将头后仰，因为这样会使鼻腔血倒流入咽喉，甚至误吸入气管中。

经过简单的处理后，很快就能止血。如果患儿仍有出血，或口中吐血说明出血量较大，动脉性出血可在鼻腔填充油纱条压迫止血，或后鼻孔栓塞压迫止血。患儿出血量较大，又不能很快止住的病例，需赶快去医院耳鼻喉科求治。

在止血过程中应注意患儿的脉搏、血压，是否有出冷汗、面色苍白等休克表现，还要正确估计出血量，以便及时输血补液。另外适当应用止血药，例如安络血、止血敏、维生素K等。

3. 孤独症

儿童孤独症（又称自闭症），是一种起始于婴幼儿时期的严重的全面发育障碍。以严重孤独、对人缺乏情感反应、言语发育障碍、刻板运动和对环境有奇特的反应为特征。

原因：精神压力和巨大的打击往往是孤独症的发病诱因。近二三十年来，人们越来越认识到孤独症大部分是由生物学上的原因引起的，如围产期并发症、遗传因素、生化因素、器质性因素等。自从孤独症被发现到现在，虽然研究者们从不同角度、不同层次对其病因进行了研究，然而直到今天，人们仍旧不知道儿童为什么患了孤独症，不能确切地知道孤独症的真正病因。

表现：

（1）社会行为缺陷：孤独症儿童一个显著的特点是缺乏社会交往能力，交往技巧缺陷，因此表现为社会行为和人际关系有障碍。如最早表现出对母亲不亲。母亲抱着他毫无反应，对拥抱和爱抚无动于衷。无论陌生人还是亲人谁抱都一样，从小不认生人，即使喂奶、逗他，甚至对着他笑也引发不出他的情感反应。

（2）语言交往障碍：孤独症儿童口语和非口语的交往方面都有严重的障碍。大多数患儿言语发展迟滞，少数出生后没有言语。能够讲话的孤独症儿童，其言语的形式及言语的运用也都存在各种各样的问题，例如总是像鹦鹉学舌一样机械地模仿重复别人的言语。在学习使用代词方面，患儿表现出相当的困难，时常出现代词运用的混乱和颠倒。语言理解存在障碍，有的患儿虽然掌握了大量的词汇，能够流利地朗读课文，却不理解所读的内容。

（3）同一性行为：孤独症儿童无论游戏、生活方式还是对环境的要求，都有固定的、反复机械的、礼仪式的、刻板的行为表现。

（4）感知觉障碍：孤独症儿童的感知障碍表现在注意力不集中、活动过度以及对视觉、听觉、触觉、痛觉刺激毫无反应。他们可能会对有些刺激毫无反应，而对某些微弱的刺激特别敏感。

（5）发育不平衡：正常儿童在语言、运动、认知、社会交往、生活自理等几个领域的发展可能有快有慢，有早有晚，但相差不多，不会超出正常范围。

（6）行为特征的终生性：有人认为儿童孤独症是一种与生俱来的残疾，从出生之日起，就有社会交往方面的障碍。在孤独症儿童的行为特征中，社会性行为缺陷、语言交往障碍和同一性行为是三大主要特征。这三项特征会随患儿年龄、智力及后天学习环境而改变，但其行为特征会伴随终身。

防治：治疗的目的是减轻症状和促进延缓发展的功能得到发展。主要方法是：为患儿的父母提供咨询，开展家庭心理治疗和儿童的行为矫正。为患儿提供针对性的教育训练和游戏治疗。

（二）情绪行为问题

★短暂抽动障碍

抽动障碍以经常发生、重复、快速和无目的动作为特点。这种抽动在儿童期较常见，最早两岁起病，平均发病年龄7岁。

原因：心理因素是第一位的，抽动可能是焦虑的反应，也可能是心理上的矛盾冲突在运动系统方面的反应。情绪激动时，抽动增加，注意力转移或睡眠时抽动消失。

学习理论认为，第一次抽动可能是出于条件性的逃避反应，如：为了逃避某一异物而眨眼，以后由于外因的作用，得到了增强而成为习惯。也有人认为与围产期脑损害有关，还可能与成熟延迟有关。

表现：表现为同一组肌肉快速、频繁、刻板、重复、不自主、无目的抽动。首先面部和颈部是涉及最多的部位，如作怪相、前额皱起、挤眉、眨眼、皱鼻、咬嘴唇、露牙、伸舌、摇头等。其次为耸肩、摇手、摇脚、身体扭曲和跳跃、抽着鼻子闻等。抽动为短暂性的，大多在一年内消失。如果持续一年以上，即诊断为慢性抽动障碍。

防治：防止儿童产生焦虑等不良情绪，这有利于预防本病的发生。

在治疗方面，首先要转移患儿对抽动的注意，可有效地减少发作次数。其次要消除患儿来自家庭和环境的精神压力，可以采用松弛训练，以解除紧张。

（三）意外伤害

★肌肉牵拉伤

原因：由于用力突然且过猛，使得肌肉、肌腱、韧带过度牵拉，造成关节周围软组织损伤。小儿在被动运动时，容易造成牵拉伤，常见于上肢。不做准备活动突然做剧烈运动也容易引起牵拉伤，常见于下肢，如髋关节、膝关节、踝关节周围。

表现：受伤部位有不同程度的疼痛，疼痛的轻重与损伤程度有关，损伤严重则疼痛明显。损伤局部出现肿胀，损伤严重者局部淤血明显，呈暗紫色。由于损伤可造成功能活动障碍，严重时还可造成骨折或关节脱位。

防治：成人为孩子做被动运动时，不要过度牵拉，动作要顺势、轻柔，避免拉伤。在做运动之前要做好准备活动，把身体的肌肉活动开，以防止肌肉牵拉伤。

肌肉、韧带拉伤后应立即冷敷，用冷水袋或冰袋敷于患处，以减少出血。可用支架或托板固定患处，减少患肢活动，使局部充分休息，有利于损伤的修复。疼痛缓解后可进行热敷或按摩，以促进血液循环。

拉伤后疼痛、肿胀严重者应去看医生，损伤部位可做磁疗或局部封闭，达到止痛、消肿的目的。疑有骨折或关节脱位者应拍X片进行检查，明确诊断。

愈合后不要马上做剧烈运动，可做些轻微活动使肌肉逐渐适应。

六、运动健身

运动健身游戏

1. 跳起来

目的：训练宝宝跳跃的能力，发展其四肢灵活、身体平衡的能力。

方法：

（1）单脚跳。在家里的地面上画一个直径15厘米的圆，让宝宝的双脚站在圆圈内，一只脚弯曲抬起，另一只脚向上连续跳起三次，然后换另一只脚练习，每天练习两次，每次1～2分钟。

（2）双脚向前跳。在平整的地面上画10条直线，线条之间相隔10厘米宽。游戏开始时，宝宝站在第一条直线上，原地拍手说儿歌："我们是快乐的小宝宝，跑得快，跳得远。一、二、三。"当儿歌说到"一、二、三"时，让宝宝并脚数数连续向前跳三次，跳一次，踩一条线，最后踩在第三条线上不动，继续拍手说儿歌，继续做游戏。

（3）跳皮筋。在5～10厘米的高度拉好一根橡皮筋，让宝宝练习跳来跳去，也可用脚勾住橡皮筋，然后再弹回。注意宝宝弹来弹去的安全。提高宝宝的弹跳能力，并从橡皮筋的弹跳中，了解认知物体的不同性能。成人可以参与跳皮筋，边跳边说民谣，以提高宝宝的兴趣。

（4）青蛙跳。成人和宝宝同时半蹲下使髋部和膝部屈曲，双腿一齐往前连续跳几下，边跳边发出"呱、呱"的声音，模拟青蛙在跳跃。或者让宝宝边念儿歌边齐跳，两人站在一级台阶上，一面念一面指自己的嘴和眼睛，说到"扑通"时两人一齐往下跳。附儿歌：

小青蛙

一只青蛙一张嘴，

两只眼睛四条腿，

看见小河就开心，

"扑通"一声跳下水。

2. 脚跟走

目的：训练宝宝的双脚协调能力和身体平衡能力。

方法：双手两侧扶物用脚跟走。将长条桌分开放，中间距离以宝宝在中间活动适宜为准，成人示范双手扶两侧桌子用脚跟走过，然后引导宝宝双手两侧扶物用脚跟走，逐渐练习拉宝宝一手用脚跟走，最终达到用脚跟独走。还可以让宝宝用小脚丫蘸上染料，用脚跟走出一个个小圆点，这样更能使宝宝乐于练习。

3. 金鸡独立

目的：锻炼宝宝单脚较长时间站稳，保持平衡。

方法：成人示范，先用一只脚使腿直立站稳，另一腿屈膝抬起，脚尖垂向下方，右手伸出手掌向下指尖指向下方做鸡头，左手伸到腰后指尖指向后方当尾巴。站稳后开始数数，看成人能站稳几秒。先教宝宝做好每个肢体动作并能站稳，两人同时站稳之后开始数数，看看宝宝能站稳几秒。

单脚站稳需要身体保持平衡的前庭和小脑指挥各肢体的肌肉协同活动，是锻炼宝宝前庭和小脑的重要方法之一，与爬行一样能训练宝宝的感觉统合能力。宝宝要高度集中注意力才能使姿势正确而且站稳。

4. 小螃蟹运动会

目的：除训练宝宝行走本领外，增强其平衡、协调的运动能力。

方法：在家中，成人要准备运动标识路线（路线不能太短，尽可能利用房间最长的距离）；同时准备目标物（各种小玩具）和小篮子。然后问宝宝："小螃蟹是怎样走路的？""对了，是横着走的。我们今天就来学习它走路的样子，举办一个运动会。"成人和宝宝一起组合出运动标识，如：家中的小垫子、大卡片等，摆出两条平行直线，标识物呈斜上方摆放，如图：

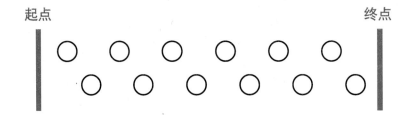

起点　　　　　　　　　　　　　　　　　　　　终点

成人可以先走一次，一左一右，使宝宝看清楚走路规则，然后让宝宝站在放好运动标识的起点，沿着标识向终点行走，注意提醒宝宝的脚要踩在标识上。当宝宝走到终点，就拿一个目标物（玩具）放到篮子内，成人鼓掌表示成功一次，同时还要记录宝宝每完成一次所用的时间。接着让宝宝赶紧返回原起点，鼓励他再向终点行走，如此反复进行。

特别提示： 两个临近运动标识的距离不要太远，以宝宝能跨踩到为好，同时标识物放置要能平铺在地面上，保证宝宝踩上去不会滑动。

5. 技能高手

目的：促进宝宝的体格发育，增强其体力、平衡感和四肢的协调能力，发展运动能力。

方法：

（1）骑三轮车。小三轮车的高矮、大小要适合宝宝的身体。在平地上成人用手扶稳小三轮车的车把，然后鼓励宝宝侧身一手扶着车把，一条腿从后迈上车座再到车的另一边，同时双手扶好车把，坐稳。宝宝双脚踏在车蹬上坐好，准备好骑车姿势，反复练习，到最后不用成人扶车把，自己能熟练上三轮车。选择空旷、平坦的地方，成人用语言指导宝宝。宝宝双脚踏车蹬上时，注意配合双手调节方向，调整身体的左右倾斜来平衡自己。

在宝宝骑童车技能熟练后，成人指定一个方向，让宝宝按目标行驶，如"宝宝骑车到树那边"等等。

特别提示： 学骑小三轮车速度不要过快，要告诉宝宝骑得太快容易发生危险。

（2）翻跟头。开始学习翻跟头时，成人可跪在地上，与宝宝面对面并抓住宝宝的双手，让宝宝的双脚攀爬到成人腰部的地方，宝宝屈膝，由成人帮他向后翻转，就像球翻滚一样，在宝宝的脚未落地之前不可放手。也可让宝宝自己双手撑地，头向下，成人从侧面扶腰翻滚，直到宝宝自己能翻跟头才放手。

特别提示： 翻滚比较难，尽量不勉强宝宝，以免使宝宝产生恐惧心理。

6. 好玩的集体游戏

目的：训练宝宝听指令往返跑和有目标地奔跑及躲闪能力。

方法：

（1）小孩小孩真爱玩。游戏开始前成人和宝宝一起说儿歌："小孩小孩真爱玩，摸摸这儿，摸摸那儿，摸摸×××跑回来。"宝宝熟悉儿歌后，让宝宝向前跑摸到目标物再跑回成人身边。游戏还可以多个小朋友一起玩，练习躲避和向其他方向跑，比如："小孩小孩真爱玩，摸摸这儿，摸摸那儿，摸摸墙壁往回跑，跑到那儿，跑到沙发坐一坐。"

（2）"老狼！几点了？"成人扮"老狼"，宝宝扮"人"。"老狼"在前面走，"人"尾随其后，边走边问"老狼！老狼！几点了？"老狼回答"8点……10点……"最后回答"天黑了"。老狼说完转身就抓"人"，"人"迅速转身快逃，然后角色对换，游戏重新开始。此游戏可以设置成多人游戏，选择空旷的场地，让社区的宝宝一起参加。被捉到的宝宝做下一次的老狼，既可以增加游戏的趣味性，还可以让宝宝有参与集体游戏的快乐感。

特别提示：宝宝游戏的区间障碍物尽量清除，要保证宝宝跑的时候路线畅通。

7. 有趣的公园

目的：使宝宝身体适应不同的高度，锻炼宝宝的胆识和勇敢。

方法：

（1）钻矮洞。带宝宝到公园玩耍，到儿童游乐区有各种形态的矮洞专供儿童钻过，或者在工地上放有准备做下水道的大型号水泥管子，可让宝宝试着钻过去。宝宝们都喜欢躲在低矮的地方，如桌下、床下等。钻洞时宝宝会试着低头、弯腰及屈膝，如果还不能钻进去就会手脚并用爬着钻过矮洞。会走的宝宝也应经常有机会锻炼爬行，使四肢和身体更加灵活，适应性良好，才能越过障碍。

（2）爬攀登架。带宝宝到有三梯攀登架的游乐园中，先检查架体是否固定结实，每梯的距离不宜超过15厘米，方可让3岁前的孩子攀登。成人可扶宝宝先双手扶住上面一层横架，双脚登上15厘米的第一根横棍。用身体靠住架子，双手攀往最高一层横棍，跃起身体登上第二根横棍。用身体靠住顶架，双手扶在头侧，侧转身体用一脚跨过顶架站到攀登架后侧第二根横棍上。双手扶稳再跨另一脚到第二根横棍上站稳。一手扶顶架，另一手扶第二根横棍，单脚迈到第一根横棍上，另一脚再踏稳到第一根横棍上，然后手扶第二根横棍迈下。

第一次攀登时双脚可先踏第一根和第二根横棍，不做翻越运动。到熟练和不害怕时再做翻越。如果对面有另一宝宝在攀登，最好先在一侧站稳，让对方先翻越迈下时自己再做攀登翻越。

（3）荡秋千。荡秋千是一种全身运动，选择户外社区秋千，让宝宝坐好，左、右手分别抓住两边绳子，小幅度荡起来，以免让宝宝害怕。在宝宝适应后，可以加快一点速度或加大一点弧度，一定要让宝宝双手抓牢，成人做好保护。两三岁的宝宝只要求坐秋千，不要求自己用力去荡。宝宝到了五六岁时才可能学习站在秋千上用下肢的力量使秋千荡起来。

（4）滑滑梯。带宝宝到社区或游乐场地，选择较矮的滑梯。宝宝对滑滑梯感到陌生时，成人要边扶着宝宝边鼓励他慢慢往下滑，并随时安抚宝宝说"不怕"，要"勇敢"。当宝宝感受到滑滑梯的快乐时，就会主动上滑梯坐好再向下滑，这时成人就可以不扶宝宝，鼓励宝宝自己滑滑梯了。随着宝宝的年龄增长及胆量增大，成人可以逐步选择高一些和斜度大一些的滑梯，鼓励宝宝勇敢地去滑。

> **特别提示**：不可强制宝宝，要选择宝宝乐于接受的项目并做好保护，让宝宝有安全感。

8. 球类比赛

目的：培养宝宝的反应速度和竞争意识，学瞄准，以增强手眼协调及肢体的协调能力。

方法：

（1）点射。放一个大筐在地上，开口向外，让宝宝站在一定距离踢球，要准确地把球踢进筐里。游戏时，根据宝宝的熟练程度设置，距离可长可短，也可以和宝宝一同进行比赛，看谁踢进筐的球多。踢球能锻炼宝宝腿部的力量，培养宝宝的判断力和运动的灵活性。

（2）男女传球。准备两个相同的球，设置集体活动，把男宝宝和女宝宝分成两队，两队中间拉开两米的距离，面对面站立。从第一个宝宝开始往后传球，传到最后一个宝宝时，把球放进筐内。看哪个队传球快，哪个队就获胜，也可以多次反复传。分开男女传球的目的，是让宝宝们认识自己的性别，认识其他小朋友的性别。同时比赛运动技能，看谁的动作快。每个宝宝都要有竞争意识，为自己的队争光。

（3）投篮。把一个纸篓用绳子捆在椅子背后当篮筐，宝宝站在半米处先练习把皮球扔进纸篓内。练过几回能扔准之后宝宝可退后到距离1米或1.5米处再练习把皮球扔进纸篓内。学会了站定投篮之后还可以练习跑着投篮。

七、智慧乐园

益智游戏

◎语言能力提高训练

1. 小手动一动

目的：训练宝宝手口一致，其动作协调有节奏，建立抽象思维。

方法：

（1）小手拍拍。成人与宝宝面对面坐，在儿歌的伴随下进行。

小手拍拍

你拍一，我拍一，一个宝宝坐飞机（双手平举呈飞机状）；

你拍二，我拍二，两个宝宝打电话（手拿电话状）；

你拍三，我拍三，三个宝宝堆小山（双手做小山状）；

你拍四，我拍四，四个宝宝写大字（手拿笔状）；

你拍五，我拍五，五个宝宝在跳舞（双手做跳舞状）；

你拍六，我拍六，六个宝宝光溜溜（双手从上身向下滑状）；

你拍七，我拍七，七个宝宝赶小鸡（双手做赶鸡状）；

你拍八，我拍八，八个宝宝吃西瓜（双手做吃西瓜状）；

你拍九，我拍九，九个宝宝掰豆角（手掰豆角状）；

你拍十，我拍十，十个宝宝做游戏。

（2）石头、剪刀、布。成人提前准备一块石头、一把剪刀、一块手帕。成人拿出手帕同时伸出手掌，对宝宝说这样的手势叫"布"；再拿出剪刀，然后伸出食指和中指，对宝宝说这样的手势叫"剪刀"；再拿出石头，成人握拳，对宝宝说这样的手势叫"石头"。然后成人进一步告诉宝宝"石头"能砸坏"剪刀"，"剪刀"能剪掉"布"，而"布"能包住"石头"。让宝宝先练习几次，熟悉规则。成人和宝宝一起做三种手势，并分清输赢。家庭成员可经常与宝宝做石头、剪刀、布的游戏。

> **特别提示：**刚开始做游戏时，成人的速度要放慢，让宝宝跟上节奏，熟悉以后再逐渐加快速度。

2. 辨别表象

目的：发展宝宝的观察力及语言表达能力，同时提高他对概念的理解。

方法：

（1）辨男女。出示男、女头像图片各两张，成人和宝宝双手各拿一张男、女头像的图片。游戏开始，成人先出示男人图片，同时说男，那宝宝就要出示女人图片，同时说女。成人出示女人图片，同时说女，那宝宝就要出示男人图片，同时说男。在宝宝掌握游戏方法后，让宝宝先出示男（女）图片并说男（女），由成人再出示女（男）图片让宝宝说女（男），速度可以加快，还可以增加图片数量随机来说。

（2）夸宝宝。成人在日常生活和活动中，要经常用鼓励、表扬的口吻夸奖宝宝，如说"你是勇敢的男宝宝""你是最干净漂亮的女宝宝"等等，引导宝宝也会夸奖别人，如"男宝宝真有力气""女宝宝真漂亮"等等。

（3）谁会谁不会。出示一张画有几种动物站在河边的图画，告诉宝宝：这些动物都要过河，宝宝看哪些动物是自己能游过河的？哪些动物是不会游泳的？不会游泳的小动物，宝宝要帮它们，给它们折一条小船。让宝宝先把会游泳的动物用红笔画出来，再把小船折好，并告诉宝宝用小船帮助不会游泳的小动物过河，即完成游戏。

3. 制作生日贺卡

目的：激发宝宝的兴趣，增加和妈妈的亲情感。

方法：给宝宝准备两张彩色纸（一张红、一张黄），一瓶固体糨糊、一把剪刀。告诉宝宝：今天是妈妈的生日，我们一起来给妈妈做张生日贺卡。指导宝宝先折叠成一个信封样，在上面用黄纸做花朵、用红纸做心形，用红、黄纸做彩条，生日卡就做好了。再让宝宝准备一句祝福的话送给妈妈。

4. 小小音乐会

目的：培养宝宝的节奏感，使他懂得配合。

方法：

（1）小合奏。小鼓、小铃、小琴……爸爸、妈妈和宝宝伴着旋律一起敲打，一起唱歌。简单的歌词，31个月的宝宝已经能记住。虽然不一定唱出旋律，但要多唱多表演，尤其是集体表演，更能激发宝宝的参与和投入。逐步培养宝宝的节奏感、组合能力和对歌词的理解能力，也可以宝宝跳舞、妈妈敲打，然后换角色进行。这些表演都能激励宝宝的热情参与。

（2）敲小鼓。全家人在一起进行敲小鼓游戏，发放小鼓和小棒，分成左、右两组。爸爸拿着红色和黄色两种彩旗，对宝宝说，挥红色彩旗左边一组的宝宝敲小鼓，挥黄色彩旗右边一组的宝宝敲小鼓，如此反复交替。等宝宝熟悉后可以让宝宝做指挥，爸爸或妈妈可以故意敲错，让宝宝指出来，然后家里其他成员可以参与评价。

5. 看相册

目的：认识相册中的人物，他们是做什么职业的，在什么地方工作，都有些什么人。

方法：

（1）同宝宝一起看家庭相册，介绍亲属的关系，如爷爷、奶奶、爸爸、妈妈、姑姑、姨姨等。他们从事什么职业，现在什么地方，他们有什么业绩。使宝宝通过相册，知道每个家庭成员的职业和具体所做的工作。如果家庭成员很多，可选择经常来访的，宝宝已经见过的介绍，使宝宝经过欣赏照片认识家里的人和所从事的工作。家里来了客人，可请宝宝向客人或来访者介绍家庭相册中的成员及所从事的工作，看他能记住多少。

（2）宝宝很喜欢看自己的相册，成人把宝宝的照片按从小到大顺序排好，注明日期并附有简单的说明。宝宝的每一张照片都很珍贵，而且几乎每一张照片都有一个有趣的小故事。成人要与宝宝共同欣赏每一张照片，讲述每一张照片的故事，他会非常感兴趣的。当宝宝看到自己小时候的表情和动作时会感到十分兴奋，几乎在成人讲述一遍之后他就记住了，而且是不厌其烦地听。讲过后成人可随便拿出宝宝的一张照片，请他给大家讲照片上的小故事，他会讲得十分顺利。还可以鼓励宝宝给其他的小伙伴讲照片上的故事，这种形式非常好，可以提高他的记忆力和叙述能力。

◎ 认知能力提高训练

1. 看图说一说

目的：培养宝宝的观察力、记忆力和表达能力，以提高其认知能力。

方法：

（1）成人预先准备5～10张场景图片，如公路汽车、池塘小鱼、公园花坛、海中虾蟹等，指导宝宝看图片上的鱼、虾、汽车、花等，问宝宝它们分别在哪里。宝宝在看图画书时，成人还要灵活地引导宝宝寻找图画中的特征物，如：小螃蟹在大海里，大海是什么样的？让宝宝表达出来。如果宝宝不能说出，成人可以叙述出来告诉宝宝。

（2）简单的迷宫图（如：小兔回家、小猫钓鱼、小狗找主人、小鸡找成人……），让宝宝在图中帮助小动物完成它们的心愿，遇到困难时成人可以协助宝宝，并鼓励宝宝完成，使他能坚持做完一件事。

2. 吹泡泡

目的：让宝宝感受大、小、高、低、远、近。

方法：准备吹泡泡工具，也可以用洗涤灵自制。成人先示范吹泡泡，宝宝在学会吹一个动作后，可以让他自己吹泡泡。泡泡的变大、变小、上升、下降、破灭，会给宝宝带来无限的想象和快乐。让宝宝在吹泡泡中观察泡泡的颜色变化、大小，想想怎样吹泡泡才飞得远、飞得高。成人要不断激发宝宝思考，从而达到寓教于乐的目的。

3. 新发现

目的：通过观察，引导宝宝观察生活中的现象，激发宝宝的好奇心及探索兴趣。

方法：

（1）看见看不见。准备一张普通纸、一张玻璃纸、两个玻璃杯子、一块小石头。先把小石头放好，让宝宝看见，然后用普通纸盖上，问宝宝能否看得见石头。再用玻璃纸盖上石头让宝宝看，问宝宝能否看见。当宝宝回答后，告诉宝宝这就叫透明和不透明。用玻璃杯子准备两杯水，一杯清水、一杯淘米的水或豆浆，把小石头先后放入两个杯中让宝宝观察，问宝宝哪个杯子里能看见石头。

（2）转起来。准备一根小木棒、一个毛绒玩具。将毛绒玩具穿在小木棒上，成人和宝宝各持木棒的一端，转动玩具，让毛绒玩具随小木棒转转转。可快可慢，让宝宝观察玩具在旋转中的变化，激发宝宝探索事物的好奇心和兴趣。广告纸卷成条，再粘贴成圆圈，或者长毛巾等，放在木棒和绳子上都可以转起来。

4. 认数字

目的：训练宝宝认识数字和图形，学习排序。

方法：

（1）数字排队。参与集体活动，把1～10的大图形发给10个宝宝，让宝宝根据自己拿到的数字按顺序排队。也可以用红纸写上1～10贴在10个宝宝的身后。告诉宝宝：我们是运动员，现在要上场了。我们要按号码顺序排好队（集体活动中可变换宝宝的数字，让他们反复练习对1～10的认知）。在家中可以把数字贴在物品上，让宝宝来排序。

（2）数字辨认。准备大小不一的数字和几何图形，可以画在一张纸上，或做成卡片，让宝宝辨认。成人要有耐心和宝宝一起辨认。每辨认一排数字，都要用笔做好标记，训练宝宝做事的耐心和规律性。3岁宝宝的观察力不能持久，容易转移注意力，需要长期训练。

5. 聪明宝宝

目的：培养宝宝的观察力、想象力和注意力。

方法：

（1）捉小鱼。成人要准备一张带池塘或浴缸还有多条小鱼的彩色图片，然后指导宝宝看图片上有多少条小鱼，有什么不同（颜色、花纹、大小等）。还可以让宝宝找出躲在水草后面的小鱼。除了鱼，还有什么。宝宝在看图画书时，成人可灵活训练宝宝的观察力。

特别提示： 当宝宝自己发现一条躲起来的小鱼或其他不容易看到的事物时，成人要及时表扬宝宝。

（2）玩绳子。准备一根稍长一点的绳子。成人和宝宝一起在地上将绳子随意摆放，引导宝宝发挥想象。在开始摆放时，尽量摆宝宝熟悉的形状，然后逐步摆出各种各样的图形，以激发宝宝的想象力。这种灵活方便的游戏，对宝宝想象力的培养很有好处。

6. 给水搬家

目的：培养宝宝的观察力和动手能力，同时认识水和海绵的特性。

方法：准备两个小盆、一块海绵。将一个小盆装上水，另一个空的小盆放在旁边。让宝宝把小海绵块浸入装水的小盆里，用一只手把浸入水的海绵拿起来，拧海绵里的水到另一个空的小盆里，一次一次地拧海绵，直到把水全部搬到另一个小盆里为止。

◎精细动作能力提高训练

1. 剥豆豆

目的：训练宝宝小手的灵活性和爱劳动的好习惯。

方法：带宝宝去菜市场，让宝宝参与购买蔬菜，选择豌豆或嫩蚕豆的过程。在家里把豌豆洗净，先示范将豌豆剥开，把豆放在空碗里，豆壳放在小空罐里。然后让宝宝用手去剥，成人当助手。或者跟宝宝比赛看谁剥得多。最后将剥好的豆豆做成熟食，跟宝宝一起分享，相信宝宝会非常乐于参与。

> **特别提示：** 宝宝做的无论好与不好，都要加以鼓励。

2. 小巧手

目的：促进宝宝的手眼协调和手指运动的灵活性，培养其专注力和耐心，同时练习手指的技巧和养成秩序做事的习惯。

方法：

（1）连线。成人事先在纸上用大头针每隔1厘米扎出一个针孔，从而形成一个简单图形，引导宝宝在有孔的地方点上圆点，然后让宝宝用笔按点连接起来，看看纸上出现了什么图案。游戏初期可以选择简单的几何图形，由简到繁，逐渐演变成一些动物图案。

（2）抠图。可以用市场上买的2~3岁的抠图，也可以自制，用纸先画出图形，再用缝纫机沿轮廓扎孔，开成许多小洞，让宝宝去抠、去撕。告诉宝宝要仔细抠、慢慢撕，不要把图形抠坏或撕坏。要完整地抠出来，撕下来，然后做成作品展示。

（3）剥香蕉。成人准备两块手绢，预先用手绢折好一个手绢香蕉，跟宝宝一起剥香蕉。引导宝宝自己也做一个，成人在一旁示范，以便让宝宝一步一步跟着学习。训练方法：拿一块手绢先对边折，再对边折成为小正方形，然后角对角折，注意整齐的角在下方，向上折，成为一个锐角三角形，两个锐角再对折，这时就可以一层一层剥香蕉了。

> **特别提示：** 培养宝宝的耐性，成人的演示要有步骤。

3. 鸡蛋画

目的：训练宝宝的手眼协调能力和绘画能力。

方法：给宝宝煮一个鸡蛋，告诉他要爱护鸡蛋宝宝。鸡蛋是宝宝的好伙伴，它有很多很多营养，对宝宝健康有益。为了感谢鸡蛋宝宝，我们今天来给它画上眼睛、鼻子、嘴巴、耳朵，看谁把鸡蛋宝宝画得最漂亮。完成绘画再进行点评，让宝宝有成就感。

4. 穿鞋

目的：练习穿鞋，培养宝宝的自理能力。

方法：在生活中，每当宝宝起床时，成人要引导宝宝自己试着穿鞋，要在一旁观察宝宝的动作和次序进行指导，在必要时讲解并协助宝宝完成穿鞋动作。

5. 模仿画

目的：练习手眼的协调能力，培养宝宝观察和模仿运笔的能力。

方法：

（1）圆形。开始让宝宝观察和接触一些圆形的东西，如皮球、圆饼干、圆镜子等等。知道什么是圆形，也能从多种几何图形中辨认出圆形来。然后模仿画圆形，在纸上画圆皮球、圆饼干等。重点指导画圆的首尾连接处，并鼓励宝宝"画得好""再画几个"等等。

（2）认识0。先让宝宝观察鸡蛋是什么形状的，再用小皮球对照比较，都是圆形但不完全一样，使宝宝看出两种圆的不同。然后给宝宝笔，让他在纸上画出不同的圆形，同时告诉宝宝像鸡蛋一样的圆有点长，叫长圆或椭圆，在数学里是"零"，代表"没有"。鼓励宝宝多写几个"0"。成人问宝宝有一个苹果吃完了，还有几个？当宝宝回答"没有"时，成人启发宝宝用"0"表示，同时用手指再空画一个"0"，请宝宝跟着成人用手指空画，感知"0"。

6. 解扣子

目的：训练宝宝的手眼协调、手指灵活，以及解扣子的能力。

方法：先让宝宝练习解大扣子。成人启发宝宝"你们长大了，要有一双勤劳的手，要学会自己的事情自己做"，边示范边讲解扣子的方法："一只手拿住扣子，另一只手扶住扣眼小洞，然后把扣子竖起从小洞里钻出来，扣子就解开了。"让宝宝反复练习掌握解大扣子以后，再练习解小扣子。当宝宝会解放在桌上、床上的衣服扣子后，再练习解别人身上的衣服扣子和自己身上的衣服扣子。

在生活中，每当宝宝睡觉前，都要让他（她）试着自己解开衣扣，成人在一旁观察宝宝的动作和次序，必要时给予宝宝指导或协助，进而完成解衣扣的动作过程。

八、情商启迪

情商游戏

1. 模仿走路

目的：培养宝宝的模仿能力。

方法：成人在前面走，宝宝在后面跟着学。成人每走一圈变换一种姿势。如张开双臂平举着，伸出一只手过头，踮起脚尖，双腿弯曲，双脚跳跳，走走转一圈等。让宝宝根据成人的造型和姿势进行变化，培养他的模仿能力。

2. 玩"打仗"

目的：认识和模仿社会行为，以培养宝宝社会性的发展。

方法：成人同宝宝一起做亲子游戏——"打仗"，宝宝当"好人"，成人当"坏人"，在准备好的玩具中每人挑选一个玩具，如：成人挑选一架飞机，宝宝挑选一辆坦克。游戏开始，成人手拿飞机模拟在空中飞行，坦克方看到敌人的飞机，马上开动坦克追随飞机开炮。宝宝边开动坦克边模拟打炮的声音，经过一阵激烈的战斗后，飞机被打了下来，敌人失败了。成人和宝宝一起玩几次后，宝宝会独自同时扮演不同的角色，用心爱的玩具玩"打仗"游戏。

3. 辨别男女厕所

目的：让宝宝知道自己该上哪个厕所，培养其社会性的发展。

方法：

（1）成人拿男女厕所标志牌，女人是齐短发、穿裙子；男人是短短的头发、穿裤子。请宝宝根据知道的特征分辨哪是男人，哪是女人，然后告诉宝宝，在厕所的墙上都有这两个标志。男厕所贴"男人"标志牌，女厕所贴"女人"标志牌。你应该去贴有哪个标志牌的厕所，请宝宝用手指出来。成人问宝宝："你为什么去这个厕所？"宝宝回答："因为我是男（女）孩。"

（2）成人带宝宝外出，看到街上的公共厕所，对宝宝进行随机教育，先观察标志，分辨出男、女厕所，让宝宝自己回答他（她）应该去哪个厕所。还可以问宝宝：妈妈去哪个厕所？爸爸去哪个厕所？爷爷去哪个厕所？奶奶去哪个厕所？强化宝宝区分男、女的能力。

4. 一起走

目的：培养宝宝团结友爱，相互交往的能力。

方法：用一条软绳子，捆住两个宝宝的左、右小腿，让他们牵着手一起向前迈步。设定一段距离，让他们从这头走到那头。成人可以在旁边给他们喊口号"一、二、一"，注意调整他们的脚步要一致，以训练他们同步行走的技巧。

5. 穿糖葫芦

目的：培养宝宝能模仿面部表情来形容味觉感受。

方法：

（1）将胡萝卜切成一小段一小段，再将边削圆，像个糖葫芦的样子。

（2）先用木扦给胡萝卜中间穿个洞，给宝宝5～6个"糖葫芦"块装在碗里，再给他一根一次性筷子，让他把糖葫芦一个一个穿起来，要穿得整齐，一边穿一边数数，数数看一共有几个糖葫芦。

（3）穿好后问宝宝："你吃过糖葫芦吗？"告诉他糖葫芦是酸酸的、甜甜的，可用面部表情来形容一下，让他感受。

6. 拔河比赛

目的：培养宝宝的集体观念、团结意识和竞争精神。

方法：

（1）准备一根长绳，让宝宝分成两组，两组各配一位成人在后边拉住绳子，绳子中间结一条红绸。

（2）老师做裁判，相同数量的宝宝分站两边，双手拉住绳子，一只脚在前，一只脚在后，让宝宝们准备就绪听哨声指令。

（3）老师的哨子一响，宝宝们就一起往后拉，两边的成人要有意识地控制好力量，让绳子一会儿往前一会儿往后。当宝宝们懂得拉的方向和力量后，再进行比赛。

九、玩具推介

这个年龄段的宝宝空间知觉能力、想象力、创造力和思维能力都有所提高，能用拼插玩具拼出复杂图形，能将4~6块切分开的图形重新拼装组合。宝宝的手、眼、脑的协调能力也有所提升，纸已经成为这个时期宝宝的必备玩具，宝宝已经能玩定形撕纸、折纸等游戏。橡皮泥也是这个时期宝宝可以选择的玩具。宝宝可以将橡皮泥搓成长条或做成小动物的样子。成人要有意识地给宝宝多看图画书，来丰富他们认知的内容，认识各种职业，并能在现实生活中认识穿特定服装的职业，如警察、医生等。

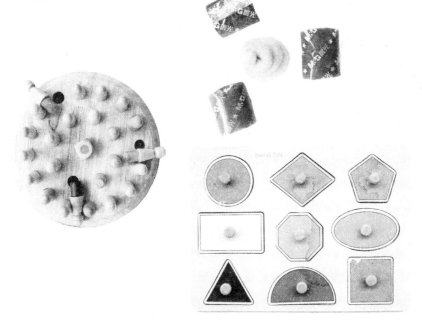

十、问题解答

1. 对有厌食表现的宝宝怎么办？

成人切记不要强迫宝宝进食。对确有厌食现象的宝宝，如果是疾病所致，应积极配合医生治疗，同时成人要给予宝宝关心与爱护，鼓励他进食，切莫在他面前显露出焦虑不安、忧心忡忡，更不要唠唠叨叨让他进食。如果为此而责骂宝宝，强迫他进食，不但会抑制他摄食中枢活动，使食欲无法启动，甚至会使他产生逆反心理，就餐时情绪低落，拒绝进食。

成人需要在食品的种类上勤换花样，避免给宝宝提供种类单一的食物，同时也不能给宝宝经常食用一些速冻肉、快餐等食品，不但不新鲜，不易消化吸收，且营养价值不高，难以诱发宝宝的食欲。成人应该给宝宝经常变换食物种类，多吃新鲜蔬菜、水果和鲜肉；适当吃些诸如玉米、红薯等粗杂食品，可促进肠蠕动和正常排泄，有助于提高宝宝的食欲，促进其消化功能的发育与健全。

2. 怎样培养宝宝的自我服务能力？

（1）爸爸妈妈是宝宝的榜样。当宝宝小的时候，爸爸妈妈应该有意识地让宝宝感受到家庭的整洁，做事有条理，让宝宝在简单、整齐、舒适的家中愉快地生活。如果宝宝知道爸爸妈妈都有乱扔乱放东西的习惯，而爸爸妈妈却要求宝宝保持整洁、干净时，宝宝就可能以爸爸妈妈作对比，表示反抗。当宝宝还没有养成收拾东西的习惯时，爸爸妈妈要引导宝宝，让宝宝知道什么东西应该放在什么地方，用过的东西应该放回原位；自己的东西，包括玩具等，不用的时候也应该放回原位。

（2）爸爸妈妈为宝宝准备好储存物品的工具。为了让宝宝养成能自己收拾东西的好习惯，爸爸妈妈应当为宝宝准备好一些储存物品的箱子等，要求宝宝把属于自己的东西放在这些箱子里，需要的时候就可以自己找到。这样做也就为宝宝提供了属于自己的空间，宝宝一定非常感兴趣。

（3）从小处着手。当宝宝还小的时候，自己收拾东西的能力不强，爸爸妈妈可以帮助宝宝收拾，但要求宝宝一起参与，把扔在地上的东西递过来。一边收拾，一边对宝宝说："以后，这些事情就得你自己来做。记住：这些东西放在什么地方，等下一次想玩时，你就知道在什么地方找了。"如果这样的教育坚持不懈，宝宝就能慢慢养成习惯，就能知道乱扔东西不好。等宝宝长大一点时，就已经有了一定的做事能力，爸爸妈妈就不要再帮孩子收拾东西了。要经常鼓励宝宝自己动手，爸爸妈妈可以站在一边指导。只要宝宝愿意自己做了，就要及时表扬他。等宝宝再长大一些的时候，就教导宝宝分门别类地把东西收拾好。

（4）坚决对宝宝说"不"。如果宝宝总是乱扔东西，成人不要立即帮他捡起来。如果宝宝想让成人帮他捡，一定要坚决地对宝宝说"不"！要让宝宝明白，自己扔掉的东西只能自己捡起来。而且，成人还要严肃地告诉宝宝，这种举动是非常不文明的。

（5）抓准时机表扬宝宝。当宝宝主动把东西放好了，或者能自觉保持房间里的整洁时，爸爸妈妈应该立即大加赞许。如果宝宝总是改不掉乱扔东西的毛病，不讲究个人卫生，爸爸妈妈要给予适当的惩罚。

（6）在游戏中让宝宝学会收拾东西。爸爸妈妈可以和宝宝一起做收拾衣服等游戏，或者让宝宝把脏衣服放进洗衣机里，可以让宝宝给袜子配对、叠内衣内裤，并让宝宝辨别哪些衣服是爸爸的，哪些衣服是妈妈的，还可以要求宝宝把鞋子整齐地放进鞋柜里。

3. 如何培养宝宝的毅力?

家长常认为宝宝非常没有毅力,遇到很小的困难就放弃。其实,对于孩子而言,尤其是婴幼儿,做事不能坚持到底、缺乏意志力是司空见惯的现象,这是婴幼儿发展过程中的一个显著特点。而且,大部分婴幼儿集中注意力的时间大约只有五分钟左右。因此,家长大可不必为此烦恼不已。但这并不意味着对宝宝放任不管,而应在掌握宝宝身心特点的基础上做正确的指导。家长需掌握以下几个原则:

(1)从小为宝宝树立榜样的力量,并塑造有始有终的环境。家长应注意,不要强行打断宝宝津津有味的游戏,如非得让他喝水、吃东西等。

(2)遇到困难多鼓励。一旦宝宝在他人的帮助和支持下鼓起勇气战胜了困难,便会慢慢地树立自信心,而自信是培养孩子坚强意志品质的动力。

(3)抓住闪光点及时表扬和奖励。对于宝宝的每个小小进步,家长都要立即亲吻、拥抱,给予精神上的赞扬;或偶尔一次给他喜欢的礼物进行行为上的强化,使他体验到成功的欢乐。

总之,培养孩子的意志力必须持之以恒,从日常生活中的一点一滴做起。

4. 宝宝玩玩具时遇到困难就哭怎么办?

有一个不到3岁的宝宝在玩玩具时,一遇到摆不起来、叠不好时就哭,还一边哭一边乱扔玩具,家长很是头痛。

其实,这是一个缺乏耐性的孩子。对于宝宝的这些行为,家长应该重视培养宝宝的耐性和注意力的持久性,给宝宝提供一个安宁简朴的环境。宝宝需要的并不是大量的玩具,而是需培养一个玩玩具的好习惯,不要一会儿玩这个,一会儿玩那个,使得宝宝没长性、心浮、注意力不能集中在正在做的事情上，很容易分心。当宝宝过度疲劳时，也容易发脾气。这时，家长要增强宝宝做事情的趣味性，并且支持和鼓励宝宝无论做什么都要有始有终，以培养他的专注性。

另外，宝宝一遇到麻烦就哭，说明他对解决这些麻烦有畏难情绪。这时，家长可先让宝宝玩一些比较简单的玩具，待简单的玩具玩熟练了，解决麻烦的能力增强了，再逐步增加玩具难度。

34~36个月的宝宝

一、发展综述

这个年龄段的宝宝大运动已经有模有样了，除了跑和走更加灵活之外，有的宝宝已经开始学习拍皮球了，有的宝宝还会双脚原地交替跳，高度能达到5厘米以上。

宝宝开始喜欢折纸，涂鸦的水平也更高了。

宝宝开始建立大小、颜色、形状等基本概念，能指出事物的相似处、不同处和显著的特征，能注意小的细节和差异，能按颜色、形状归类。比如，西红柿和苹果都是红的，都是圆的；不同处是果实的把长得不一样。这些相似和区别在这一年龄段的宝宝都能指出。宝宝会认数字1~10，并能点数、背数1~20，并建立初步的空间、时间概念。

平时，宝宝爱听故事、音乐和儿歌，有了初步的图画概念，也有了一定的模仿能力。当宝宝遇到喜欢的故事，就喜欢扮演故事中的角色。到了3岁时，宝宝已基本上掌握了母语的语法规则系统。这就好比搭好了一个合理而漂亮的书架，就等着在以后的岁月中往里面填满各种好书了。语法规则系统建立好了，以后就可以学习很多话来丰富宝宝的语言了。

这一时期的宝宝，除了培养其语言理解和表达能力，还应掌握一定的礼貌用语和养成良好的生活习惯。

宝宝在自理能力上有了突飞猛进的提高，具备了上幼儿园的自理能力，如能自行解决大小便，能自己穿衣扣纽扣，能表述自己的需要。当成人问宝宝"冷了怎么办""困了怎么办""饿了怎么办"等话时，他会正确回答"穿衣""睡觉""吃饭"。对新环境的适应力也较之以前有了很大进步，所以选择这个时候入托的家长会较多，这个时期宝宝入托也比较合适。入托时要注意宝宝的分离焦虑问题，在正式入园前可带宝宝去幼儿园玩，认识老师，最好和熟悉的小朋友一起入园。宝宝入园时，开始会有哭闹现象，爸爸妈妈应端正心态，正确对待，帮助宝宝顺利渡过入园焦虑期。

二、身心特点

（一）体格发育

1. 身长标准

男童平均身长为95.8厘米，正常范围是91.7~100.1厘米。

女童平均身长为94.9厘米，正常范围是90.7~99.1厘米。

2. 体重标准

男童平均体重为14.5千克，正常范围是12.8~16.2千克。

女童平均体重为13.8千克，正常范围是12.2~15.5千克。

3. 头围标准

男童平均头围为49.4厘米，正常范围是48.2~50.6厘米，

女童平均头围为48.4厘米，正常范围是47.3~49.5厘米。

4.胸围标准

男童平均胸围为50.9厘米，正常范围是48.9~52.9厘米。

女童平均胸围为49.9厘米，正常范围是48.0~51.8厘米。

（二）心理发展

1.大运动的发展

这个年龄段的宝宝可以玩很多球类游戏,比如扔球接球、滚球入洞、投球入筐、踢球入门等。宝宝也可以做一些跳跃的游戏,比如跳高、跳远、跳格子、跳跃障碍物等。宝宝还会玩荡秋千游戏,可以单脚连续跳多次，能够在地垫上做前滚翻动作,会赤脚用脚尖走路,还可以不用扶助，独自走平衡木。

2.精细动作的发展

这个年龄段的宝宝可以做一些比较复杂的精细动作,比如:可以用剪刀将纸剪成条状,在纸上模仿画圆形、正方形、长方形、三角形等。这个时期的宝宝喜欢拆卸一些组装较复杂的玩具,如小汽车等,也喜欢玩一些拼图类、迷宫类的游戏,能够用积木模仿搭底座是4~5块的桥。

3.语言能力的发展

这个年龄段的宝宝词汇量的积累比较丰富,表达也相对完整,可以复述听过的故事,讲述自己对经历过事情的印象。宝宝可以从多角度讲述一件事物,如一件花毛衣,能够说出物品名称、用途、颜色、特点等。宝宝能够使用"如果……就"这样的关联词说句子,能独立背诵多首儿歌、唐诗等,会说简单的英语会话"hello""bye-bye""thank you"等。喜欢一边玩一边自言自语,这是宝宝发展内部语言的阶段。

4. 认知能力的发展

这个年龄段的宝宝对数的概念有了一定的理解，可以按数取物，能够准确取到1~3个物品。宝宝也具备了简单分类的能力，可以按外观分类，比如按颜色、形状、大小、多少分类；也可以按用途分类，比如按吃、穿、用、玩将物品分类。宝宝能够将未画完的人物缺少的部分添上。宝宝会介绍自己，能说出姓名、年龄、在哪个幼儿园等；也能介绍自己的家庭成员，说出称呼。宝宝能记住自己家的门牌号码、家里的电话、爸爸妈妈的手机号码等。

5. 自理能力的发展

这个年龄段的宝宝已经具备基本的自理能力，如能独立用勺吃饭，有的可以使用筷子；能自己上厕所，大便后会用手纸擦屁股，夏天能自己整理裤子，冬天穿的较多时成人可以稍微辅助。这个时期的宝宝已经养成了良好的生活卫生习惯，如饭前便后洗手，睡前洗脸、洗脚，每天刷牙；还可以帮助成人做饭前的准备工作，如擦桌子、摆碗筷、摆勺子、放凳子等。

三、科学喂养

（一）营养需求

1. 微量元素

人体对微量元素每天的需要量甚微，一般在几十微克至几十毫克之间。只要饮食搭配合理、多样、天然和均衡，食物中的微量元素就可以满足正常需求了，不需要额外补充。

食品加工过于精细会影响微量元素的含量，如面粉越精制，营养成分损失越严重，微量元素的流失也越多。精白糖比红糖微量元素含量低，精盐比粗盐微量元素含量低。所以，食品加工宜粗不宜细，宜简不宜繁，尤其给婴幼儿制作食品更是如此。婴幼儿受生理条件所限，摄入食物品种有限，所以给予一定量的微量元素的营养补充是有必要的。微量元素以生物态形式存在于食物中，其吸收、利用度远远高于各种各样的人工制剂。所以婴幼儿需要补充的微量元素，应该从食物中摄入，也就是食补。

2. 驱铅食物

体内的铅含量过多会影响宝宝的智能发育和体格生长。食物中的钙、铁、锌、硒会与铅在体内的吸收途径发生竞争，所以宝宝的食物中钙、铁、锌、硒的含量应丰富，如海带、动物肝脏、肉类、蛋类，就可以减少肌体对铅的吸收。牛奶所含的蛋白质能与体内的铅结合成一种不溶性化合物，从而使肌体对铅的吸收量大大减少。因此，给宝宝多吃维生素C含量多的蔬菜、水果，如油菜、卷心菜、猕猴桃、枣、苦瓜也有利于铅的排出。因为维生素C在肠道内可以与铅形成溶解度较低的抗坏血酸铅盐，能随粪便排出体外。

（二）喂养技巧

1. 食物问题

（1）避免食物过敏。有些宝宝是过敏性体质，成人如果不注意的话，很容易给宝宝摄入致敏食物，导致哮喘、湿疹等变态反应的疾病复发。引起宝宝过敏的食物很多，最常见的是异性蛋白食物，如螃蟹、虾、鳝鱼，甚至蛋类。有的豆类也可以引起宝宝过敏，如黄豆、毛豆、扁豆等。还有一些蔬菜，如芹菜、木耳、蘑菇、竹笋、香菜，有时也是过敏源。

成人要细心观察宝宝平时的饮食反应，如发现某种食物能引起过敏时就要立即停食，并且记住，以后不再让宝宝食用。一般来说，经过1～2年以后，随着宝宝身体的强壮和抵抗力的增强，过敏症状会有所好转。如果今后再次给宝宝食用过敏食物时，成人仍然要小心，从少量开始尝试，确定无异常反应时即可放心食用。

（2）铁缺乏不可忽视。成人都知道补钙，却容易忽视是否缺铁。胎儿从母亲那里得到铁，储备到肝脏中，出生后4个月内，从母乳中获得少量的铁元素，不足部分就开始动用胎儿时期储存的铁了。大约到了半岁，储存的铁就基本上用完了。如果这时的宝宝仍然没有添加含铁丰富的食物，就有发生缺铁性贫血的可能。宝宝一旦出现缺铁性贫血，单纯靠食物补充是很难补足的。幼儿期铁的需要量是10～15毫克/日，而婴儿期铁的需要量是6～10毫克/日。可见，幼儿对铁的需要量，比婴儿的要高。

含铁量比较丰富的食物有瘦肉、海产品、动物肝脏、蛋黄、非精制谷类、豆类及干果类、绿叶蔬菜等。维生素C可促进铁的吸收，含鞣酸、草酸的食物不利于铁的吸收，比如菠菜是含铁量比较高的食物，但含鞣酸也比较高，因而影响了铁的吸收。幼儿期过多饮奶易发生缺铁性贫血。所以，奶类食品并不是越多越好，到了幼儿期，奶类食品就不能作为主要食物来源了。幼儿喝茶不但影响睡眠，还会影响铁的吸收，所以幼儿不宜喝茶。

（3）食物纤维与便秘。宝宝出现便秘的情况越来越多了，如痔疮、肛裂、肛瘘在婴幼儿期都有发生。当医生告诉妈妈，宝宝患有痔疮时，妈妈一脸的疑惑：这么小的宝宝怎么会得痔疮呢？

食物纤维是七大营养素之一。食物纤维摄入过少，饮食过于精细是导致宝宝便秘的主要原因。食物纤维的补充主要是通过食入水果、蔬菜、非精制面粉、某些杂粮、燕麦等。现在的父母给宝宝吃的食品过于精细，高蛋白、高热量食物摄入过多，没有足够的食物残渣，使肠道容积不足，导致宝宝容积性便秘。运动量不够也是导致宝宝便秘的原因之一。

2. 饮食问题

（1）关于果汁。纯果汁中含有丰富的维生素C，应该说是一种健康食品，但多数果汁中都含有大量的糖分，摄入过多可导致宝宝腹泻、腹痛及胃肠胀气。果汁中一般添加有甜味剂、人造香料及其他化学成分，所以直接吃水果要比喝果汁要好些。即使喝果汁，也要讲究方法。注意饭前1小时不要给宝宝喝果汁，以免影响正常饮食；不要一边吃饭一边喝果汁，应在进餐后或餐间喝适量果汁；建议用新鲜的水果自制果汁给宝宝喝，更不要以果汁代替水。给宝宝喝适量的纯水对宝宝的健康是很有补益的。睡觉前不要给宝宝喝果汁，以免宝宝出现腹胀。

（2）失衡性营养不良。现在，宝宝发生营养不良的情况与过去相比明显不同。过去是没有足够的营养性食物供给宝宝们，发生的营养不良都是最基础的营养素缺乏，可以说是全线缺乏。现在宝宝的营养不良，主要是饮食结构不合理或过于强调某些高营养食物，而忽略了某些低营养食物。事实上，只有全面的营养，合理的膳食搭配才能避免宝宝发生营养不良问题。营养再高的食物，只是单一品种，或只吃几种所谓的高营养食物，都不能满足人体营养需要。父母需要给宝宝提供种类齐全、搭配均衡的食物，以保证宝宝生长发育所需的多种营养素。

（3）失衡性营养过剩。父母都非常在意宝宝的营养状况，拼命给宝宝买高营养食品。父母愁的不是没钱给宝宝买高营养食物，而是不知道给宝宝吃什么更好，吃什么食物宝宝才能长得又高又胖，吃什么营养素才能让宝宝更聪明。结果怎么样呢？胖墩一个接一个！给孩子减肥成了父母的一大难题。除此，跟风一般的随意"补钙""补锌"，不但伤了宝宝的胃，还会引起一系列的健康问题，反而阻碍了宝宝的健康成长。

3. 注意事项

客观、全面评论饭菜。面对餐桌上的饭菜，当妈妈对宝宝说："多吃肉，你能长得高高的。"宝宝从妈妈那里得到的信息可能是这样的：肉能让他长高，菜会让他长矮。尽管妈妈没这么说，但宝宝有举一反三的能力。一盘菜里有胡萝卜、芹菜、蘑菇，妈妈对宝宝说："多吃胡萝卜，胡萝卜有营养。"宝宝就会自然得出：芹菜和蘑菇没营养。

为了让宝宝不要产生误解，妈妈对饭菜的评论就要小心、客观、全面，如告诉宝宝每一样食物都有它的好处，所以每一样都要吃一些。这样才能引起宝宝对每样食物的重视，并传递给他一种科学的饮食信息。所以，如果你认为不适合宝宝吃的，最好不要端到桌子上来。

（三）宝宝餐桌

1. 一日食谱参照

8:00：西红柿柳叶汤、麻酱花卷、五香鸡蛋。

10:00：牛奶。

12:00：蝴蝶卷、西红柿鸡丁黄瓜、粉丝菠菜、虾皮紫菜汤。

15:00：牛奶、水果。

18:00：米饭、土豆胡萝卜焖羊肉、香菇油菜、西红柿鸡蛋汤。

21:00：蛋糕、酸奶、水果。

2. 巧手妈妈做美食

（1）变花样使宝宝获得所需。有些宝宝对某种食物特别厌恶，如果硬要他吃会引起恶心或某种身体的不良反应，父母应仔细寻找原因。有些宝宝因某次吃了本来不爱吃的食物后生了一场病，就会使宝宝将某种食物与疾病联系起来。这种情况不宜勉强纠正，可先试着换一种做法，如把少量宝宝不爱吃的这种食物剁入馅中让宝宝先适应，再更换味道，如炒胡萝卜不好吃，可以改放糖醋调味。某些特殊味道的菜，如茴香，宝宝不吃也不必勉强，换一种蔬菜也能供应必需的维生素和所需的蛋白质。千万别看到宝宝不爱吃饭而又怕他饿着，在饭后准备点心、饼干充饥，否则宝宝干脆不吃饭菜专门等着吃点心。这样，就会使孩子得不到应有的营养素。父母应充分利用副食中的绿色蔬菜黄瓜、油菜，红色的胡萝卜和西红柿、瘦肉，黄的鸡蛋，黑的木耳，白的豆腐等，把普通菜调配得颜色鲜明、味道鲜美，以引起宝宝的食欲。

（2）注意四个搭配。

①粗细粮搭配：如二米饭（白米配小米、高粱配红豆），玉米面或小米面配白面粉蒸发糕等，都是好看又好吃而能使蛋白质进补的食物。

②主副食搭配：对一些不吃菜的宝宝在主食内配用副食，如包子、饺子、馅饼、馄饨等都是孩子爱吃的食物。

③荤素菜搭配：要让宝宝每天都能吃到肉、鱼、蛋和牛奶，同时也要配上豆腐、豆制品及豆类和一定量的绿叶菜和水果，使膳食营养供应平衡。

④干、稀饭搭配：吃主食，如馒头、烙饼等可配以粥和汤，以润滑口腔便于宝宝吞咽。不鼓励给宝宝用汤泡饭和馒头，以免不经咀嚼囫囵吞下而影响消化。

四、护理保健

（一）护理要点

1. 拉撒

★ 小便的健康。

在前面，我们知道了宝宝的"大便"反应提示给成人的健康信息。其实，您知道吗？宝宝的"小便"也能给父母提示出宝宝是不是要生病了。

与成人相比，宝宝的小便次数的确很频繁。这是因为宝宝的膀胱肌肉还没有发育成熟，控制蓄尿、排尿的力量还不够，每次储存的尿量还不多。比如，1～2岁的宝宝平均能存储的尿量大约是80～200毫升，每天需要排尿7～12次；2～3岁时平均能存储100～200毫升，每天需要排尿5～8次。但是由于宝宝自身发育的不同，也可能或多或少，如果没有特殊情况，父母不用太担心。

（1）健康小便：健康的小便呈淡柠檬色，有淡淡的氨气味道，也就是大家说的尿骚味。

（2）异常小便：

①气味异常。当宝宝生病的时候，小便会发出比较浓烈的酸臭或腐臭味，尤其是在宝宝发高烧时，而且颜色也会由淡黄色变为深黄或褐黄色。如果出现粉色或橙色尿液，那就不用犹豫了，赶快先把宝宝的尿液送到医院去做尿常规检测。

②身体浮肿。如果宝宝小便异常，并且伴随身体浮肿，特别是眼皮和手脚部位，那就需要尽快带宝宝去医院就诊。

③排尿不畅。如果宝宝突然害怕排尿、不愿排尿，甚至排尿时有疼

痛的感觉，宝宝可能会有生殖器或尿路感染的问题，需要引起成人的关注，尽快带宝宝去医院就诊。

④次数突变。如果宝宝没有喝水，但小便次数突然增多；如果相反，喝了水，无尿或尿量太少，也是宝宝在提示您他的健康问题。

⑤体重突变，小便异常，而且伴随体重在短时间内突然增加或减少。当然，细心的父母会发现，每个人每天的排尿量、尿的颜色和味道等都会随着每天的饮食和出汗量的多少而变化,比如哪天吃了蒜苗类的食物，小便味道就比较浓。但即使宝宝"小便"和平时略有不同，只要宝宝精神好，没有异常，父母就不用担心。

2.其他

（1）让宝宝爱上刷牙。用些小技巧教孩子自己护理牙齿，这对他一生的健康都很重要。

①控制时间。这个时期的宝宝还没有什么时间概念,他不懂得什么叫"刷两分钟"，所以，成人可以为他选一首差不多时间的儿歌或童谣，让他知道，儿歌唱完了，刷牙就完成了。同时还可以按着儿歌的节奏刷牙，以增加乐趣。

②控制数量。可以给宝宝脚下垫一个矮凳，让他对着镜子刷牙。指给他看您和他的牙齿，数数有几颗。然后，一边用牙刷把每颗牙都刷一下，一边说：每颗牙宝宝都要照顾到哟……

③用淡盐水代替牙膏。宝宝容易将牙膏吞进肚里，所以用淡盐水漱口或刷牙更安全、可靠。

总之，不管您用什么方法给宝宝刷牙，都不要以为会很容易，而且也不要期待完美，几乎没有几个两三岁的宝宝刷牙时能够一直都很合作。另外，即使您的宝宝对保持口腔卫生很有热情，对刷牙很感兴趣，他的手也还没有那么灵活，不能自己把牙齿刷干净。所以，让宝宝自己尝试刷的同时，您还需要给他彻底刷一刷。

（2）学习穿脱衣服、鞋帽。此时应开始训练宝宝自己穿脱简单的衣物，如袜子、帽子、鞋子。尽早训练不但可以培养宝宝的生活自理能力，还可训练他的身体协调性和精细运动，以缓解成人的一部分压力。需要注意的是，成人一定不要嫌宝宝"太慢"，就包办代替，剥夺宝宝锻炼的机会。

①以玩具为模特，重复多次，不厌其烦地和宝宝一起玩为娃娃或毛绒玩具穿脱衣服、戴帽子、穿袜子等游戏。游戏中，成人要耐心地、慢慢地示范各个分解的步骤，如穿衣时先拿住衣领往后甩，先穿左边袖子，再伸右胳膊……分解的步骤越详细越好。

②利用镜子帮宝宝初步了解穿衣的顺序。成人给宝宝穿衣时可对着镜子，边穿边将穿衣的顺序讲给宝宝听。如先穿衣服，最后戴帽子等。成人示范动作要慢，给宝宝留下模仿的时间。

③成人要为宝宝选购有明显前后标志的衣服，便于他辨认；或者帮宝宝在衣服上绣个喜欢的图贴，以示正反。

（3）护理感冒的宝宝。

①鼻塞流涕。给宝宝擦鼻涕的时候，动作一定要尽量轻柔，否则会因为反复擦拭，造成鼻头红肿、蜕皮。条件允许的话，可以用温水给宝宝清洗鼻子，然后再涂抹些润肤霜，也可用儿童专用润肤湿纸巾擦拭；对于鼻塞的宝宝，可用温热毛巾敷在鼻子上，或用棉签蘸些清水轻轻擦擦鼻子内腔，也可给宝宝泡个热水澡，对缓解鼻塞症状都十分有效。

②咳嗽。如果宝宝干咳无痰，咳声清脆，父母就要避免宝宝持续咳嗽，否则容易引起呕吐，此时可以在宝宝咳嗽间隙给他喝口清水，就能够阻断宝宝持续剧烈的咳嗽了；对于有痰的宝宝，可在餐前或睡觉前稍微用力地拍打宝宝后背，帮他把痰咳出来，也可炖些清肺化痰的饮品，如

冰糖梨水、白萝卜水给宝宝喝。

③发烧。宝宝发烧时，父母应至少两个小时量一次体温，并做好记录。因为宝宝病情变化快，随时监控可以掌握病情的变化，采取对应的措施。如果宝宝发烧超过38.5℃，应按医嘱给宝宝服用小儿退热药，并可用温水或酒精在宝宝手心、脚心、脖颈部擦拭，也可用温凉毛巾给宝宝敷额头，以物理降温法来帮助宝宝退烧。

（二）保健要点

★健康检查

宝宝3周岁时，应该再给他做一次体检。检查内容包括：身长体重、能力发展、视力等。父母可不要忽略了婴儿期的最后一次体检，如果您的宝宝真的存在一些健康隐患，那么此时还是最好的治疗时机。一旦错过了，可再也找不回来了。

1～3岁的宝宝视力约为0.1～0.6，视觉较为敏锐，喜欢观察，手眼协调更灵活。立体视觉的建立已近完成，能识别物体大小、距离、方向和位置等。两眼调节作用好，可区别垂直线与横线。

特别提示：3岁后的宝宝应半年查一次视力。因为3～6岁是儿童视觉功能发育的敏感期，也是视力保健的关键阶段。对学龄前儿童定期进行视力检查，可以早期发现和预防近视或其他眼疾。如果宝宝有弱视，最好立即开始治疗，这样提高视力的机会就更大些。

五、疾病预防

（一）常见疾病

1. 角膜软化症

角膜软化症是由于维生素A缺乏引起角膜结膜上皮干燥变质，晚期会出现角膜软化坏死。多见于3岁以下的宝宝，常为双眼受累。

原因：维生素A缺乏，见于小儿腹泻、慢性消化道疾病，以及肺炎等疾病，使营养物质吸收障碍，消耗过多而又得不到补充；或者喂养不当，特别是人工喂养儿，没有及时添加辅食，比如：长期喂食脱脂乳、豆浆以及淀粉类食物，又不添加含维生素A的肝、蛋黄、鱼肝油以及含胡萝卜素的绿叶蔬菜、胡萝卜、番茄、水果等造成。

表现：皮肤干燥、脱屑，毛发干枯易脱落，指甲薄脆，患儿对光线的适应能力差，继而结膜干燥、泪少，出现畏光、眨眼现象；角膜逐渐干燥混浊发生溃疡，并继发感染，严重者发生穿孔。治愈后留下白翳，影响患儿视力甚至失明。

防治：治疗主要是改善患儿全身营养和防止角膜继续感染。积极给患儿治疗全身疾病，同时迅速补充大量维生素A，口服效果比较差，可以使用浓缩维生素AD针剂。

针对患此病的宝宝，父母要合理喂养是完全可以预防的。对慢性腹泻及其他慢性消化性疾病的孩子，要及时防止消化吸收不良而引起的不适；注意营养补充，不要无原则的忌口。应该经常注意眼部情况，如遇宝宝不愿睁眼时，应做眼部检查；如果发现角膜干燥应及时采取措施。

2. 急性阑尾炎

急性阑尾炎是最常见的急腹症，可发生在任何年龄，年龄越大发病率越高。

原因：阑尾炎的原因是综合的，有些病例有明显的梗阻因素，如食物残渣、粪石、异物或寄生虫等堵塞；有些病例继发于上呼吸道或肠道感染，再加上肠管的反射性痉挛，使官腔狭窄。阑尾腔梗阻后，抗病能力下降，细菌侵入，即发生阑尾炎，或细菌在阑尾腔内过度繁殖也可发生阑尾炎。

表现：最初患儿上腹或脐周疼痛，数小时后转移至右下腹部。少数患儿开始即右下腹疼痛。疼痛多为持续性，同时伴有恶心、呕吐、食欲减退及便秘。患儿多有稀便，甚至腹泻。右下腹有固定的压痛是阑尾炎的主要体征，常伴有腹肌紧张和反跳痛。婴幼儿阑尾炎常并发穿孔，弥漫性腹膜炎，故一般情况比较危重，可有脱水酸中毒。化验检查白细胞增高，主要是中性粒细胞增高；B超检查可发现肿大变形的阑尾。

防治：当患儿出现转移性右下腹的持续性疼痛，伴有恶心、呕吐时，应尽早去医院就诊。同时不要再进食水，为进行手术治疗做好禁食准备。

急性阑尾炎的诊断明确后，应早期进行手术治疗，切除阑尾。因阑尾一旦感染，炎症病程发展快，容易形成坏死、穿孔。另外因患儿腹腔内的大网膜发育不完全，不能包裹发炎的阑尾，当阑尾坏死、穿孔时很容易使炎症扩散，引起腹膜炎。

控制感染也是重要的治疗环节。一般急性阑尾炎的病原菌是金黄色葡萄球菌和大肠杆菌，联合应用抗球菌及抗杆菌的抗生素较为理想。

凡患儿有不明原因的腹痛、发热、呕吐、精神差、烦躁时应想到的是阑尾炎，应立即去医院外科就诊。

3. 精神发育迟滞

精神发育迟滞简称弱智、智力低下，是指在生长发育时期，一般智力明显低下和适应能力显著缺陷为特点的症候群。

原因：很多智力落后原因不明，一般来说按照出生前、出生时、出生后三个时间段分析。

（1）出生前：可有与染色体畸变、遗传代谢性疾病、先天颅脑畸形，如小头畸形宫内获得性疾病，如孕母在妊娠期感染了风疹、单纯疱疹病毒、弓形体病等；接受辐射、服药、环境污染或营养不良、妊高症、内分泌失调、吸烟、喝酒等生物、物理、化学、环境等不良因素的影响，引起胎儿脑的损伤，造成智力落后。

（2）出生时：出生时有窒息、出血、产伤、颅内出血等可以造成中枢神经系统损伤，影响智力发展。早产儿、低体重儿智力低下的可能性大。

（3）出生后：中枢神经系统的感染，如脑炎、脑膜炎、脑病等；一氧化碳中毒、铅中毒等中毒症状；脑代谢病变后遗症；脑细胞变性和脱随鞘病变；营养不良等。

表现：共四个程度，分为轻度、中度、重度、极重度。程度不同，表现不同。

（1）轻度：婴幼儿时期，运动、语言、认知、生活自理、社会交往等各领域发展比正常儿童迟缓。语言方面，生活用词困难不大，但抽象词汇掌握很少。认知方面，对事物缺乏兴趣和好奇心，不像正常儿童那样活泼，或循规蹈矩或动作粗暴，易冲动，可获得一定的阅读和计算能力。

（2）中度：整个发育均较正常儿童迟缓，语言功能发育不全，吐字不清、词汇贫乏。思维简单具体，对周围环境辨别能力差，略具学习能力。

（3）重度：婴幼儿时期，各领域发育明显迟缓，发音含糊、词汇贫乏，理解能力极差。动作十分笨拙，情感幼稚，情绪反应容易过头。有一定防卫能力，可养成简单的生活和卫生习惯。

（4）极重度：对周围一切不理解，缺乏自我保护的基本能力，个人生活不能自理，没有语言，情绪反应原始，感知觉明显减退，运动功能受阻，手脚不灵活，常伴有多种残疾和癫痫发作。

防治：为了减少精神发育迟滞的发生，应积极宣传优生优育知识，禁止近亲结婚，鼓励在适合的年龄生儿育女。要进行婚前检查，加强孕期保健，孕妇要避免接触一切有害因素。开展围产期保健，提高产科质量，减少产伤、新生儿窒息、颅内出血等发生。对疑有遗传性疾病家族史的，要进行遗传咨询，产前诊断，以防止先天或遗传性疾病的发生。

开展新生儿筛查，以早期诊断某些遗传代谢性疾病。如能在新生儿期确诊，可以早期治疗、预防和降低智力低下的程度。

对新生儿要加强护理和保健，减少中枢神经系统和颅脑外伤的发生。

根据智力落后的程度，积极开展早期教育，针对性地进行教育和训练，促进其智力的发展。

（二）情绪行为问题

★儿童多动综合征

儿童多动综合征简称多动症，以与年龄不相称的活动过度、与处境不相宜的冲动行为以及注意力涣散为特点。

原因：儿童多动症的原因多种多样，主要认为：

（1）遗传因素：研究证明多动症有明显的家族聚集倾向。

（2）脑损伤：最早认为脑损伤是多动症的重要原因，后因不能证实损伤的存在，故称为"轻微脑功能失调"。

（3）神经生化：神经生化研究结果并不恒定。

（4）环境因素：包括父母的养育方式、生活事件、不良的教育环境、铅中毒、食品添加剂等。

表现：

（1）活动过度：一部分患儿的活动过度很早就开始了，在婴幼儿时期就显得格外活泼，手脚不停地动，精力充沛、不知疲倦，大动作多，睡眠时间少；上小学后，症状格外突出，但以小动作为多。

（2）冲动任性：从一个活动迅速转到另一个活动，做事杂乱，不能完成规定的事情；情绪易变化，需要必须立刻得到满足，否则就发脾气。

（3）注意力不集中：容易受外界干扰，选择性集中困难。

以上三种表现同时出现，才考虑为多动症。由于以上的行为才会导致患儿学习困难、自卑，以致发生品行问题。

防治：多动症的病因复杂，常常是多种因素共同作用的结果。有以下几点与预防多动症有关：

（1）防止母孕期不利因素对胎儿发育的影响。

（2）加强围生期保健，防止颅脑损伤和窒息，对高危儿实行监护。

（3）预防铅、汞中毒。

> **特别提示：** 在医生指导下，给患儿进行药物治疗，并加以心理治疗、行为治疗和针对性的教育训练是十分必要的。此外要做好患儿父母的心理咨询和家庭教育指导。

（三）意外伤害

★关节脱位

原因：小儿关节活动范围大，但韧带松弛，关节囊比较柔韧且富有弹性，牵拉负重后容易引起脱位，多见于肩关节、肘关节及桡骨头半脱位，处理不当可导致习惯性脱位及关节骨折等并发症。

表现：脱位后局部肿胀疼痛、淤斑以及伤肢主动被动功能丧失。脱位局部有典型的关节变形，外观与健侧不对称，弹性固定及关节盂空虚，此外，各种部位的脱位有特殊体征。

肩关节脱位可出现患处肿胀、疼痛及活动功能受限，肩部呈方肩畸形。做搭肩试验检查就可确定诊断，方法为：伤侧肘部贴紧胸壁时，手掌不能搭到健侧肩部；或使伤侧手搭于健肩时，肘部不能贴近胸壁，表示肩关节脱位存在。

肘关节脱位会引起局部疼痛、肿胀、功能障碍，肘部外形改变，失去肘后三角正常关系。前臂缩短，肘关节周径增粗。

防治：确定脱位后，立即将脱位肢体用三角巾适当固定后立即送往医院。一般须在麻醉下复位，因此受伤后暂时禁食，以免麻醉时引起呕吐。

肩关节脱位和肘关节脱位，在复位后应在屈肘位用三角巾悬吊或石膏固定三周后开始练习肩部和肘部屈伸活动。桡骨头半脱位复位后不需固定，但很易复发，患儿到8~9岁以后大多自行痊愈。

六、运动健身

运动健身游戏

1. 走一走

目的：训练宝宝身体的平衡能力及全身协调运动。

方法：

（1）走楼梯。平时带宝宝出门，可以有意识地训练宝宝上、下楼梯，成人演示给宝宝看，左、右脚要交替连贯使用，即左脚上第一个台阶，右脚上第二个台阶，这样连续上3～5个台阶后休息片刻，再重复上述动作。每天练习1～2次，每次2～3层楼梯。开始的时候成人可拉着宝宝一只手，另一只手让宝宝扶栏杆练习走，直到最后宝宝能独立上下楼梯。

（2）走直线。在地上固定一根长2～3米的绳子，成人当杂技演员表演"走钢丝"，然后请宝宝和成人一起表演，在成人的带领下宝宝从直线一端走到另一端。

（3）顶物走。成人在地面上画好一条直线或利用地砖缝，要求宝宝与成人头上顶"沙包"或"书"，两臂侧平举向前走3米，还可以和成人一起托物走。成人和宝宝各手执一块纸板或乒乓球拍子托举一个小皮球或一个小瓶子，沿直线走3米。

特别提示：不要选择跨度太高的台阶，开始时可有意选择儿童专用的台阶，走台阶时成人不要催促宝宝。

2．双脚跳

目的：训练宝宝双脚跳跃的能力，发展其身体平衡的控制力。

方法：

（1）跳起来。利用户外锻炼时间，让宝宝练习跑步，速度不要太快，步子不要太大。成人喊着口令"一二、一二"，然后从向前跑步慢慢过渡到原地跑步，使宝宝的双脚能交替上下跳起。跳起时脚要离地面高5厘米以上，同时要不断鼓励宝宝像解放军叔叔一样勇敢、顽强。要求宝宝逐步地往高跳，跳的时间就越长。

（2）拍一拍，跳一跳。

①在场地上画一个大圆圈，宝宝站在中间当"皮球"。游戏开始前告诉宝宝：成人用手来拍"宝宝皮球"的头部，拍一下头"宝宝皮球"就要跳起来一次。拍一下，跳一下，拍两下，跳两下，拍三下，跳三下，拍多少下就跳多少次。

②游戏开始，一起拍手说儿歌："小皮球，跳跳跳，拍一下，跳一下，拍两下，跳两下，拍三下，跳三下，拍得多跳得多，一二三四五……不拍他不跳。"

③宝宝原地跳的次数一定要根据宝宝的体能，从少到多，逐步能达到20次，跳的速度也由慢到快。让宝宝每次练习的时间不要太长，可以每天反复练习3～4次，练习完以后，让宝宝走一走，再安静玩一会儿。

特别提示：时间不可太长，要轻拍宝宝头部，手掌触到宝宝的头顶即可。

（3）小矮人。

①成人先示范，蹲在地上向前跳并说："小矮人，我会跳。"连续跳几步。

②让宝宝充当小矮人模仿向前跳。

③宝宝和成人一起做小矮人："我是小矮人，我会跳、跳、跳。"熟练后，可以做连续蹲跳练习。

> **特别提示**：开始练习时宝宝容易后仰，成人要注意保护，并要及时鼓励宝宝。

（4）小兔学本领。给宝宝看小兔的图片，问宝宝：小兔怎么走路？学给妈妈看好不好？引导宝宝双脚向前跳。然后给宝宝看准备好的布袋子，学习小兔的本领，让宝宝双手提起布袋双脚同时往前跳，还可以边说小白兔儿歌，边让宝宝跳，以激发宝宝的兴趣。

> **特别提示**：玩的时候，成人要注意宝宝不要被布袋绊倒，引导宝宝尽量避开障碍物，往空的地方跳。同时注意布袋不能太小，宝宝站进去要比较宽松。

（5）小袋鼠。3岁的宝宝能双脚并拢跳一段距离了，成人用麻布口袋做成袋子，大小以能装进宝宝身体为合适，上面齐宝宝腋下，两边钉上两根绳子，成人的手可以提住绳子，协助宝宝一起跳。宝宝站进麻袋，手放在前面，成人先站在宝宝后面，提着两边的绳子协助宝宝跳。成人在宝宝会跳后放手，让宝宝双脚并拢，一步步向前跳动并念儿歌。

小袋鼠

袋鼠袋鼠羞羞羞，

两只眼睛滴溜溜，

藏在成人袋袋里，

自己有脚不想走，

宝宝要学小白兔，

蹦蹦跳跳自己走。

3. 球类练习

目的：锻炼宝宝手臂的力量和手眼协调能力及身体的控制力。

方法：

（1）夹球。让宝宝坐在地垫上，两脚夹住一个球，用双手撑在地上，先把腿伸直，然后身体靠手的力量向前移动，使膝盖弯曲起来。再伸直腿，移动身体一次，膝盖伸屈，让球随着向前。在宝宝学会夹球的动作后，可让宝宝站起来，夹球向前一步步跳，不让球掉下来。

（2）抓住蹦跳的球。开始成人可先示范抛接球的动作，然后教宝宝在胸前用双手握住皮球，接着鼓励宝宝双手稍用力将球向地上抛去，球就会弹跳起来，再让宝宝用双手马上去接住球，告诉他尽量不要用双臂去抱球。宝宝反复多次练习抛接球后，动作就会熟练了，就可以用一只手抓住球向地上抛球，再用双手或一只手接球。

（3）互抛接球。成人抛掷球，待球蹦起时，要鼓励宝宝双手接球，然后角色对换，宝宝抛球（要投掷向前），成人双手接球。最后由宝宝自掷自接球，边接边点数。

成人站离宝宝半米的距离，与宝宝面对面，让宝宝双手在胸前准备好，成人抛球给宝宝双手易接之处。宝宝接住一二次之后，成人可站得再远些，能在1米左右抛球至宝宝肩下和膝之间使宝宝易于接住。经过多次练习之后，成人可试将球抛在肩上或膝下，让宝宝学习后退或前进一二步能把球接住。之后可在距离宝宝两米左右抛球，让宝宝练习接球。宝宝接住球之后再把球抛给成人。这样，一方面让宝宝练习接得准，同时也练习抛得准。

4. 平衡训练

目的：训练宝宝的全身动作协调、手眼协调，培养其勇敢精神。

方法：

（1）滑滑梯。根据宝宝的年龄及能力，选择高矮、斜度适合的滑梯，鼓励宝宝慢慢往下滑。随着宝宝年龄的增长和胆量的增大，可以逐步选择高一些和斜度大一些的滑梯，鼓励宝宝勇敢地去滑。

（2）顶气球。在平整的场地上，系一根绳子，绳子上面悬挂一些气球，气球的高度让宝宝跳起时头能碰得到。游戏开始说儿歌："小宝宝顶气球，看谁顶得多。"说完以后，帮助宝宝数数，鼓励宝宝连续跳起让头能顶到气球，顶的数量逐步由少增多，可以用"小红旗""小红花""小奖牌"来鼓励宝宝。如能连续跳10下给"小红旗"，跳15下给"小红花"，跳20下给"小奖牌"等，这样会使宝宝有进取心及成功感。

（3）打保龄球。找5～7个空的饮料瓶当保龄球，用皮球把整排空饮料瓶击倒。宝宝要经过练习，使皮球击出时有力，才能击倒对面的瓶子。刚开始时，可以用大一些的物体代替，如大饮料瓶等。

（4）荡秋千。在家中利用任何能持重的物体，或在两个大柜子上架上一根木棍，用绳子吊下，把木板捆好就能做成秋千。或在院落的大树下、或能固定绳子之处都可自己做成秋千。两三岁宝宝的秋千坐板应离地2.5厘米，绳子不宜过长，应为1.5～2米。秋千前后荡开要有各2米的空地。在练习时最好在地面上铺上地毡或旧的毛毡，以防宝宝摔伤。

先检查绳子和木板是否固定得结实，然后让宝宝坐在秋千的木板上，双手握住绳子。成人轻轻地从秋千前面往宝宝后面方向推3～4步，成人立即躲到秋千荡动范围之外，让宝宝自由荡动。成人要告诉宝宝双足前伸，不要擦地，使秋千荡动得久些。宝宝身体能适应后，成人每次向后推得再远些，使秋千荡得较高又久。

（5）小车手。3岁的宝宝已经能很好地骑小三轮车了，成人可以选择在平坦、空间大的地方，让宝宝骑三轮车，但要注意安全。培养宝宝在骑车过程中要专注，要控制好速度、掌握好方向。

> **特别提示：**活动场地不要有障碍，选择平整空旷场地，活动要适可而止。

5. 脚跟脚

目的：训练宝宝行走的平衡能力和双脚协调运动的能力。

方法：

（1）绕圆圈走。成人选择一块平坦的地面，画上直径为3米的圆圈。成人先示范脚踩线行走，然后引导宝宝走圆圈。开始时，成人可牵着宝宝的手带领走圈，之后逐渐将手松开让宝宝独立走圈。

（2）双手扶物走。双手扶物，脚尖对脚跟向前走。长条桌子，拉开距离摆放，距离以宝宝双手能扶走为宜，两桌子间地面贴上一行小脚印。成人示范，让宝宝手扶桌面，脚尖对脚跟向前走。随着宝宝能力的提高，逐渐可以转移到户外。成人拉着宝宝的手行走，逐渐达到独立进行脚尖对脚跟走。

（3）贴脚印走。成人用即时贴做好6个小脚印的形状，然后将6个小脚印在地上紧连着贴好。成人示范踩脚印前行，然后请宝宝模仿，每一只小脚踩着地上的脚印一步紧接一步走2米（脚尖对脚跟走），熟练后再向后倒着走。

6. 模仿做

目的：训练宝宝肢体模仿的能力和音乐律动。

方法：

（1）请你像我这样做。成人做一个动作，如把双手放在头上，并且说："请你像我这样做。"宝宝模仿成人的动作，做动作的同时说："我就像你这样做。"成人再做一个跳跃的动作，让宝宝模仿。成人变换不同的动作，逐渐增加难度。熟练以后，请宝宝做动作，成人模仿。还可以放上一段好听的音乐，把动作和音乐结合起来，这样会更有乐趣。年龄小的宝宝可以只模仿动作，不用说出"请你像我这样做"。

（2）慢镜头。成人扮"摄像人"，宝宝当"明星"。要求"明星"一会儿扮"司机"开车跑，一会儿扮"田径运动员"奔跑，稍后，表演慢镜头动作。练习宝宝双脚交替跳跃的控制能力。

7. 跳一跳

目的：让宝宝学会分别用左、右脚跳跃。

方法：

（1）单脚跳。先让宝宝右手扶栏或扶家具，提起左脚先学用右脚跳，再调头用左手扶物，提起右脚学用左脚跳。练习几次后就不必扶物练单脚跳了。

成人可与宝宝对站，先牵一只手，大家用牵手的一侧单脚跳跃，然后换牵另一只手，再换用另一只脚单脚跳跃。学会牵手跳跃之后可加入一次拍手转圈牵手跳，即是两人先牵一只手同时跳三下，放开手双脚踏地转一个圈，再牵另一只手换脚后单脚跳三下。这种跳跃接近团体舞蹈的动作，看看宝宝能否按时跳及转圈。

（2）跳格子。在有格子的地上跳过一格，让宝宝用单脚（随便用哪一只脚）从第一格跳到第二格，再跳回原处。

跳过两个格，让宝宝用单脚先跳入第一格，进入第二格，向后转动身体，跳回第一格，即跳回原处。

跳过四个格，让宝宝单脚跳入第一格，进入第二格。倒转身体跳入第三格，向前跳入第四格，再跳回原处。

在跳一个格时宝宝单脚要跳两下，在跳两个格时要单脚跳四下，跳四个格时要单脚连跳五下。跳一个格时身体向前跳一下，向后跳一下不必转身。跳两个格时，在第二格内要转身一次，转身时允许在原格内多跳一次，不许双脚着地，转身是个难点。跳四个格时在第二格只需侧转，到第三格也要侧转，两次侧转都不许可双脚着地。跳格子之前可先练习原地跳和侧转跳，待宝宝的跳跃技能提高后，才可以学习跳格子。

8. 争第一

目的：培育宝宝的竞争意识和提高解决问题的能力。

方法：

（1）赛跑。成人与宝宝同时站在一条起跑线上，向前跑3米（动作熟悉可跑4米），先到者为胜（成人先让宝宝胜一次，以提高宝宝的兴趣）。

（2）障碍赛。成人在户外场地准备一些可以做成障碍的标示物，另一头用一些小玩具作奖励。成人和宝宝一起组合出障碍标识，让宝宝沿着标示物向终点前进，注意要左右走绕开标识。当宝宝走到终点，取上奖品迅速返回，并鼓掌表示成功一次，成人记录宝宝完成一次所用的时间。成人要让宝宝赶紧返回原路起点，鼓励宝宝再向终点运动，如此反复。

（3）夺红旗。自制小红旗一面，把小红旗挂在宝宝伸手能拿到处，让宝宝跑过去把小红旗取来，再把小红旗挂在有1~2级台阶上方，让宝宝跑步，然后上台阶把小红旗取来。

较难的是把小红旗放在宝宝拿不到之处，旁边没有可以攀登或上台阶的地方。先告诉宝宝自己想办法，不然走到小红旗下面也拿不到。宝宝可以拿一个小板凳过去，踩在板凳上面把小红旗取下；也可以拿一根小棍子跑到小红旗下，用棍子拨弄把小红旗取下。有时宝宝会想出一些别的办法，如跑到小红旗下，把衣服脱下来抛上去把小红旗网下来。鼓励宝宝自己想办法。

9. 郊游

目的：让宝宝欣赏大自然的美，观察在家中看不见的新事物。

方法：选择离家不太远的有山有水或有树林的安静去处，全家人利用休息日带着到郊外游玩，可以先在附近游览，选定合适的地点安顿下来，允许宝宝在周围走动，但要记认回来的路，避免丢失。或者第一次由成人领着到处走走，让宝宝领路回来，确知宝宝能认清方向才让他自己四处走走。宝宝刚刚开始在郊外玩耍时，首先感到户外广阔、无拘束，喜欢到处跑跑跳跳。渐渐地，宝宝会发现有趣的新事物，如蚂蚁、小虫子、蝴蝶等有生命的小动物。有些宝宝喜欢花草，或者喜欢到水边捡小石头，成人可以注意宝宝的兴趣所在，给予宝宝适时的启迪，如蚂蚁合群、小虫子会不会变成飞蛾和蝴蝶；花有哪些部分，它会怎样吸引蜜蜂来授粉；果子是怎样结成的等等。在大自然的新鲜和体验中学到的知识会给宝宝留下深刻的印象，使他终生不忘。如果能留个影就更有意义了。

游戏中，爸爸将宝宝托在肩膀上，把宝宝举上举下转圈圈，让他从不同的高度来看世界；或者让宝宝面朝下，爸爸的双手托住宝宝的身体，让宝宝像飞机一样起飞、俯冲。

把宝宝举在空中的时候，可以唱任何爸爸或宝宝最喜欢的歌曲。宝宝在这个游戏中接触到很多新词汇，同时在爸爸有力的双手保护下，他会感到身心愉悦。爸爸在游戏中表现出的力量和冒险精神，也是宝宝学习的榜样。

七、智慧乐园

益智游戏

◎语言能力提高训练

1. 生活大课堂

目的：促进宝宝多方位认识事物，在体验中加深对事物的理解程度，进而促进其语言的发展。初步建立顺序概念，让宝宝懂得做事情应遵循顺序。

方法：

（1）解决问题。在生活中，宝宝会遇到大量自己无法解决的问题，如渴、饿、冷、热等，成人要充分抓住时机，利用机会向宝宝传授一些生活常识和经验，如操作方法、技巧以及安全知识等。冬天出门时，告诉宝宝天气冷，并体验冷的感觉，要注意保暖，戴好手套、帽子等。

能够由宝宝自己来完成的事情，应让宝宝自己去完成，如洗手、擦肥皂、收拾玩具、饭后漱口、早晚刷牙、穿脱衣服等。宝宝每次做完要给予评价和肯定，以培养其良好的习惯。

特别提示： 有些事情要及时提醒宝宝，比如：擦肥皂时不要把泡沫弄到眼睛里等等。

（2）学擦镜子。给宝宝拿一面很脏的小镜子，再给宝宝几个小棉球和牙膏。告诉宝宝挤一点牙膏在镜子上，用棉球蘸上牙膏擦镜子，看看擦过的地方和没有擦的地方有什么不同。告诉宝宝对着镜面擦一遍后，可换另一个棉球再蘸上牙膏，从上到下，从左到右按顺序擦。也可以让宝宝对着镜面吹一口气，试试用棉球去擦。完全擦好后，照照镜子，让宝宝看看自己漂不漂亮。擦镜子能使宝宝体会劳动带来的成果，劳动带来的快乐。同时初步建立顺序概念，让宝宝懂得遵循顺序就会把镜子擦得非常干净。

2. 猜猜看

目的：通过对宝宝视觉感知的刺激，提高其语言表达能力。

方法：

（1）摸一摸，说一说。用一些宝宝常见的生活用品和玩具，如杯子、勺子、碗、筷子、小球、电话机、鞋和袜子。给宝宝蒙上眼睛，用手去感觉这些物品，并说出它们的名称。先猜一两种，慢慢地增加，直到都能摸出来、说出来，再换其他物品，在训练宝宝触觉和记忆力的同时，也增加了词汇。

（2）说名称。为宝宝准备色彩艳丽的大量动物卡片，让宝宝翻看，加大其视觉感知。翻看时，成人先选择熟悉的事物说给宝宝听，吸引宝宝学说事物的名称，如鸡、鸭、鹅、鸟、虫、鱼等。又如：这个是什么？我的宝宝知道吗？如果宝宝是模仿动物的动作或声音，成人要认真地告诉宝宝准确的名称，不要把小狗叫做汪汪、小猫叫做喵喵。

特别提示： 引导宝宝说正式的语言，不要总是使用儿童语言。

3. 学习分类

目的：通过观察、比较，认识各种形状不同、型号不一的鞋子，让宝宝知道不同季节要穿不同的鞋子；学习分类；练习穿鞋。以增加宝宝的词汇量及理解、表达能力。

方法：

（1）认识鞋子。

①天气渐渐变冷了，成人要把夏天的鞋子收起来，拿出冬天的鞋子。成人边收拾鞋子边问宝宝："天气冷了，我们该穿什么样的鞋子？"

②成人拿出大小不一，不同类型的鞋子若干双，让宝宝看看，说一说，这些鞋子都应该什么时候穿？教宝宝认识种类，说出名称。

③给鞋子分类。让宝宝用以下三种不同方式给鞋子分类。

a. 按颜色分类；b. 按大小分类；c. 按鞋的性质分类。

④练习穿鞋、系鞋带。

（2）我是售货员。收集超市的广告宣传纸，成人和宝宝一同将上面所有的物品剪下来，摆在桌子上或贴在墙上，各种各样、琳琅满目，也可以分类放置。让宝宝当售货员，成人去买东西，每买一样东西都付给宝宝钱。让宝宝在卖商品的过程中学会一些词汇，学习交易手段，认识商品的名称。

> **特别提示**：成人可根据宝宝的实际情况，把握游戏的时间，一次可先取其中的部分内容进行游戏。

4. 对答传话

目的：发展宝宝的语言交流能力、听耳语的能力，使宝宝通过电话这个媒介，自然地表达自己心中所想的事情。

方法：

（1）打电话。成人问宝宝："平常爸爸妈妈是怎样打电话的？你会打电话吗？你喜欢给谁打电话？打电话时首先要说什么？"成人拿玩具电话自言自语地假装打电话，请宝宝仔细听。打完电话后问宝宝："我刚才打电话先说了什么？然后又说了什么？"教给宝宝打电话的常识，注意对宝宝使用礼貌用语的培养。如：开始先问好、报自己的名字，然后再说事情等。

成人引导宝宝说一说："你想给谁打电话？想说什么事情？"把电话交给宝宝，先让宝宝随意操作，自由地打电话。

请宝宝给爸爸妈妈打电话，成人用手扮作电话与宝宝一问一答。可以引导宝宝说一些事情，如鼓励宝宝改正一些不良习惯等。

（2）三人传话。三人为一组做游戏。第一个人给第二个人说3～4字的耳语，第二个人把听到的耳语传达给第三个人，第三个人再把听到的耳语传达给第一个人，然后让第二个人和第三个人说出刚才听到的是什么话，让第一个人来判断他们听到的和说出的话对不对。游戏时三个人可以轮流当传话和听话的。

> **特别提示：** 成人注意对宝宝礼貌用语的培养。

5. 说儿歌

目的： 通过学习儿歌，使宝宝获得丰富的语言知识和表达经验。学习节奏感强的句子，有利于宝宝的记忆和口齿的运动。

方法：

（1）小白兔。在宝宝会说熟悉儿歌的头两句时，再继续鼓励宝宝接着学说儿歌的后几句，如：学说儿歌《小白兔》，要经常给宝宝说儿歌，并伴随动作，不断地加深宝宝对这首儿歌的记忆，还可以一句一句教宝宝学说。

当宝宝能学说或跟着成人说儿歌以后，要鼓励宝宝自己说。如果个别字接不上，成人要及时帮助、提示，使宝宝能较顺利地说完整儿歌，还要及时赞扬宝宝会说儿歌了。

宝宝会说这首儿歌以后，利用可以表现的机会反复练习，如给小朋友说、给客人说，每次说完成人都要加以鼓励，不断激发宝宝说儿歌的积极性。

（2）小青蛙。准备青蛙图片让宝宝看，也可以成人自己动手用彩笔绘画小青蛙，然后引导宝宝学说儿歌。成人先朗诵儿歌，让宝宝欣赏，然后分句教宝宝背诵儿歌，如："小青蛙，叫呱呱，跳上岸，把虫捉。"同时可以让宝宝模仿小青蛙捉虫子，以增加其快乐情趣。

（3）小金鱼。成人带宝宝观察金鱼。只有一条鱼在鱼缸中默默地游，成人启发宝宝："宝宝看，鱼缸里只有一条小鱼在游，没有朋友跟它玩，它多孤单呀！"接下来成人唱："一条鱼，水里游，孤孤单单在发愁。""宝宝跟我一起唱给小鱼听好不好（成人教宝宝唱歌）？""那我想请宝宝想一个办法，小鱼怎样就不孤单了呢？""好吧，咱们给它找一个朋友。""啊，两条鱼在一起玩，它们多高兴呀！"成人唱第二段："两条鱼，水中游，摇摇尾巴点点头。"引导宝宝跟着唱："哟，又来了一条鱼，大家一起玩多高兴呀！"成人唱第三段："三条鱼，水中游，高高兴兴做朋友。"

特别提示：成人可先教宝宝说歌词，然后再教歌曲，有助于宝宝理解歌词意思。

6. 正反义词

目的：通过宝宝在生活中的体验和掌握对事物性质的认识，掌握反义词的配对。加强宝宝对正反义词的理解，同时，进一步训练宝宝的辨别反应能力。

方法：

（1）反义词配对。

①物体语言描述。利用生活中宝宝熟悉的物体形象，用语言描述来进行反义词配对游戏。例如：一人说"滑梯高"，另一人说"转椅矮"。说反义词配对，还可说"大树高，小树矮""公共汽车大，夏利汽车小""马是大的，老鼠是小的""火是热的，冰是凉的""大象的鼻子长，兔子的尾巴短""大树干粗，小树干细""小红穿的是深红色的衣服，小英穿的是浅红色的裤子""木头是硬的，海绵是软的""妈妈的头发长，爸爸的头发短"等等，通过宝宝在生活中的体验和对事物性质的认识，就能够很快掌握反义词的配对。

②对说反义词。引导宝宝先说一个词，另一个人对说一个反义词。例如"我说大——你说小""我说长——你说短""我说黑——你说白""我说高——你说矮""我说粗——你说细""我说快——你说慢""我说多——你说少"等等。

（2）我说你做。

①长高、变矮（做相应动作）。成人、宝宝一起玩游戏，例如：成人说"长高了"，宝宝就"站立"，成人说"变矮了"，宝宝就"蹲下"。练习几次以后，也可以鼓励宝宝说高矮，其他人来做动作。最好每个宝宝都有带头说的机会，使宝宝们增加游戏兴趣，得到更多的练习机会。说高矮的动作速度可逐步加快，可训练宝宝的反应能力。

②长高、变矮（做相反动作）。开始成人先教宝宝玩游戏，成人说的与宝宝做的动作是相反的，例如：成人说"长高了"，宝宝要马上说"变矮了"，同时做"蹲下"的动作。成人说"变矮了"，宝宝要马上说"长高了"，同时做"站立"的动作。宝宝会玩游戏后，可以鼓励宝宝带领说，其他人来做，也可以分组来做游戏，让每个宝宝都有练习的机会，同时

提高他们辨别反应的能力。

③你说我对。一说一答，由慢逐步加快，进一步训练宝宝的辨别反应能力。例如：一人说"高"，其他人马上说"矮"；一人说"矮"，其他人说"高"。或者一个人说"高"，同时拍两下手，其他人说"矮"，同时拍一下手。也可以变换不同的游戏规则和方法，使宝宝在高高兴兴的游戏中学会辨别高、矮，提高对正、反义词概念的理解。

◎认知能力提高训练

1. 比一比

目的：初步认知量的概念，使宝宝能辨别物体的长短、高矮、粗细等。

方法：

（1）比长短。出示两根长短不同的小棍，如冰棍、穿糖葫芦和羊肉串的棍等，让宝宝比较两根棍有什么不同，引导宝宝拿出并说出哪根长、哪根短。在日常生活中可以随时选择一些物品让宝宝说出长和短。

（2）比高矮。

①识别两摞书的高矮。准备高、矮不同的两摞书，引导宝宝识别哪摞书高，哪摞书矮，从而对高矮的概念有一个初步理解。

②比身高。两位妈妈背靠背站直，引导宝宝观察谁高、谁矮，然后请一位妈妈站在墙边，比着头顶在墙上用笔画一条线做个记号，再请另一位妈妈站在同一个位置，再画一条线做个记号，让宝宝辨认出谁高谁矮。还可以让宝宝也站在妈妈站的位置，做一个记号，同妈妈的记号比一比，看看谁高谁矮。

③在日常生活中利用环境中的物体，引导宝宝辨别高矮。例如：让宝宝知道"桌子高，椅子矮""大椅子高，小椅子矮""柜子高，桌子矮""暖瓶高，茶杯矮""大瓶子高，小瓶子矮"。或者知道柜子上的什么东西

放得高，什么东西放得矮等。

（3）比粗细。在日常生活中，利用生活环境中的物体，随机引导宝宝观察辨认物体的粗细。例如：知道"水彩笔粗，铅笔细""暖瓶粗，玻璃瓶细""擀面棍粗，筷子细""大拇指粗，小拇指细""筷子粗，羊肉串的竹扦细""大瓶子粗，小瓶子细"等等，不断巩固宝宝对粗细概念的认识。

（4）量的概念。这个游戏在日常生活中可多次进行。用图片（大小、多少、高矮、轻重）让宝宝认知，再选择一些实物，让宝宝体会大球、小球、大杯子、小杯子、大椅子、小椅子。在两个碗里装豆子，一个碗装很多的豆子，另一个碗装少量的豆子；两个筐装小球，一个筐装多的小球，另一个筐装少量的小球；让宝宝站在凳子上，再站在桌子上和老师比一比高低；用篮子提石头、提海绵；用两个小桶装水，一个装满水，另一个装一半水，让宝宝提，哪个重，哪个轻。

2. 生活常识

目的：让宝宝认识信号灯，认识空气。

方法：

（1）红绿灯。准备三个手电筒，分别用红、绿、黄三种颜色的纸包起来。把室内的灯关掉，拉上窗帘，打开三个手电筒观察其灯光的颜色。先让宝宝认识这三种颜色，告诉宝宝，车辆在马路上行驶时交通路口的红灯、绿灯、黄灯分别表示什么意思。让宝宝实践，在地面上画出一条横线，将三个手电筒准备好，红灯亮时，让宝宝停住，不能过马路；绿灯亮时，才能穿过马路；黄灯亮时，让宝宝原地踏步。宝宝熟悉后，可以用纸箱做车子，让宝宝模仿开车，注意什么时候该走，什么时候该停。反复练习，让宝宝懂得过马路要看交通信号灯，知道交通信号对行人的作用，应从小养成遵守交通规则的习惯。

（2）捉空气。成人出示空袋子让宝宝看："袋子里有什么？""这是空的""下面要变魔术了。"成人用袋子兜空气，扎住袋口，让宝宝观察："袋子里面有什么？"成人讲解：袋子里装有空气，空气没有颜色、没有味道，是摸不着、看不见的。

成人和宝宝一人一个袋子，请宝宝"捉空气"（引导宝宝自由地在房间内捉空气）。再请宝宝讲一讲自己是在哪儿捉的空气。成人小结，并告诉宝宝：空气是无处不在的。

（3）吹气球。成人拿出气球和宝宝一起吹鼓气球，再放气，再次感受气体是无色无味、看不见的。提问：捂住嘴巴和鼻子后会怎样？成人小结：人、动物和植物都需要空气。

特别提示：给宝宝的塑料袋必须是无毒的食品袋，同时袋子不能太薄，不要让宝宝吮吸袋子。

3.分类对应

目的：提升宝宝的认知能力和分辨能力。

方法：

（1）物品分类。

①把苹果、衣服、纸、笔、小伞、积木、鸡蛋、碗、勺子、袜子、鞋、杯子、洋娃娃、饼干等物品放在桌子上，让宝宝分别把能吃的东西拿出来，再把能穿的东西拿出来，最后剩下的问宝宝是做什么用的。在宝宝能区分时，再增加一些物品，用3~4种类型的物品让宝宝学着按吃、穿、用、玩等分类，以增加宝宝的生活常识。

②可爱的套娃。给宝宝准备一套套娃（也可以是套筒）。套娃是培养

宝宝按顺序拆装的玩具，在成人示范的基础上，让宝宝用心专注地拆装好。训练宝宝懂得大小顺序、前后顺序，在操作中体会到一个比一个大。安装时先从小的开始，才能一个一个装进去。装进去后前后要对好，套娃才漂亮。

（2）数物对应。将1～10的数字分别贴在10块积木上，然后让宝宝一一读出。接着从10块积木中随意拿出两块，让宝宝读出数字来。例如：拿出标有2和7的积木，宝宝能读出2、7（不要读成二十七）。宝宝会读两位数字以后再拿出三块有数字的积木，让宝宝读出三位数字。例如：3、2、6，8、6、9。

4. 摸一摸

目的：通过感官的触摸，提高宝宝触觉辨认的综合能力。

方法：

（1）摸人。让宝宝先看清楚每个人的外形特征，然后将一位宝宝的眼睛蒙住，再随意请一个人让这位蒙住眼睛的宝宝来摸，摸完后说出这个人的名字，说对了大家拍手鼓励，说错了大家不拍手，再让这位宝宝摸一次。也可以让这位宝宝边摸边说被摸的人的外形特征，说对了名字可再摸。

（2）摸物。先让宝宝观察出示的各种物品，并让宝宝描述各种物品的外形特征，然后将宝宝的眼睛蒙住，摸出某一种物品同时说出物品的名称，如玩具、餐具、茶具、水果等。可请一位宝宝蒙住眼睛摸物品说名称，也可以请几位宝宝同时摸出物品并说出名称，看谁摸得快、说得对。

5. 找朋友

目的：加强宝宝的认知能力和一一对应能力。

方法：

（1）相同的树叶。准备3～4种树叶，让宝宝在树叶中识别找出相同的树叶（也可带宝宝到公园去认识树和树叶）。教会宝宝从树叶的形状、厚薄、大小、颜色上去区别，让宝宝认识树叶的不同特征，多看多想，以增加宝宝对树叶的感性认识，为认识自然界打好基础。

（2）圆圆找朋友。将各种形状的物品图片放在一起，请宝宝把圆形的物品找出来。例如：有方形手绢、方形电视机、长方形柜子、圆形钟表、皮球、气球、镜子、饼干、三角形蛋糕等，指导宝宝从多种形状的物品图片中找出圆形的钟表、皮球、气球、镜子、饼干等图片来。

（3）看谁拿得快又对。把各种大小、颜色、形状不同的许多积木堆放在一起，指导宝宝按要求拿出积木来。游戏可以一个人玩，也可以分组比赛玩。例如成人说："请把圆形积木拿出来。"宝宝就要从许多各种不同形状的积木中拿出圆形积木来。也可以按要求拿出正方形积木或长方形积木。

6.认识几何图形

目的：让宝宝认识几何图形，学会给图形配对。

方法：

（1）认识三角形。"今天我们要到图形王国去参观一下，看看那里有什么好玩的。"成人拿出玩具，先让宝宝找一找自己认识的图形及颜色。拿出三角形，告诉宝宝这就是"三角形"，并说一说三角形的特点，引导宝宝用手摸摸三角形的角和边（有三个角和三条边），体会三角形的外形。请宝宝想一想，这些图形可以组合成什么？还可以组合一些物品，请宝宝欣赏，引起他玩的兴趣。成人跟宝宝共同组合一些物品，并请宝宝说说这些作品。画一画三角形：成人先画出三个点，请宝宝用直线与点连接起来形成一个三角形。

（2）找高楼（连线）。将画有三种图形屋顶的楼房图让宝宝观察，然后按楼房下的三种图形找到相应的图形，用笔连线。如右图。

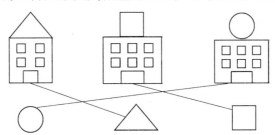

（3）按特征指认玩具。在游戏活动中，让宝宝知道各种玩具的特征，然后成人说某种玩具的特征，让宝宝指认并说出这种玩具的名称。例如成人说："请拿一个圆圆的，上面画有许多彩色花纹，需要用打气筒打气玩的玩具，说说是什么"。宝宝通过对许多玩具的辨认，知道是"皮球"。有各种形状的、能搭建房子的是什么玩具？宝宝知道是"建筑积木"等。

（4）图形卡片。将硬纸卡剪成正方形、长方形、圆形和三角形，先让宝宝触摸、感知、辨认图形，然后按要求举起相应的图形卡片来。例如：成人说"举起三角形来"，宝宝就要从多种图形中找出三角形图卡举起来。

◎精细动作能力提高训练

1. 手指游戏

目的：练习手眼协调，培养宝宝手指的灵活性和手腕的控制能力。

方法：

（1）十指对接。成人示范：左右手指两两相对抵触对接，然后轻轻向内弯曲，形成一个空心球状，整体造型像一个桃子，再使用腕力前后翻转，好像一个球在滚动。宝宝做时要听成人的口令，慢慢完成。成人还可以把一个小球放到宝宝双手之间做前后旋腕的动作。

（2）夸一夸。大家坐在一起做游戏，一起先有节奏地拍手，然后一个小朋友说："×××，爱唱歌。"大家一起说："你……真……棒。"同时，握拳伸出拇指表示赞扬，也可以说："×××，爱清洁。""×××，爱劳动。"也可以分别练左右手，再双手同时练习，学会竖大拇指。

（3）大拇指。成人和宝宝分别在一只手的大拇指上节画上一个人的脸谱，边念儿歌，边做动作，先握住拳头再说儿歌。

大拇指

一个小朋友，（握拳伸出一个大拇指）

走出大门口，（边摇动大拇指边向前移动）

看见老奶奶，（成人同宝宝的大拇指对上）

鞠躬问声好。（弯曲大拇指）

最后一句的动作，如果宝宝做得好，可以启发宝宝用另一只手扶着这个大拇指的下端进行练习，反复练习直至大拇指会独立屈伸，然后再练习另一只手，双手都会做后就可以自己边说边做游戏了。儿歌也可以自己创作。

（4）五个好宝宝。成人示范，边说儿歌边做动作，练习巩固单个手指的灵活性。成人教宝宝先握拳做预备动作，再开始说儿歌。

五个好宝宝

大拇哥，（伸出大拇指不动）

二拇弟，（伸出食指不动）

三姑娘，（伸出中指不动）

四小弟，（伸出无名指不动）

五妞妞，（伸出小拇指不动）

同时用另一只手的食指分别点每一个伸出的手指。

五个好宝宝，（伸开的五指左右摇一摇）

他们都是——（继续摇手）

好——朋——友。（说"好朋"两个字时，手不动，说"友"字时一下子就把五指合拢为拳头）

这个游戏可重复多次玩耍。

（5）搓面条。成人与宝宝面对面坐好，使双手掌心交叉，有节奏地揉搓，同时嘴里说儿歌。宝宝注意模仿成人双手动作，学习搓的动作儿歌："一二三，搓呀搓。搓搓搓，搓面条。你一碗，我一碗，吃到嘴里香喷喷。"

2. 学剪纸

目的：学习剪刀的正确拿法，锻炼手的技能。促进手眼协调能力的发展，增强宝宝手指运动的灵活性和技巧。

方法：先教宝宝用拇指插入剪刀的一侧手柄，食指插入剪刀的另一侧手柄，中指、食指在手柄之内或之外协助剪刀张合。先让宝宝练习空剪，使剪刀能合拢、张开，然后找出一张纸，成人可以先剪开一小口，再让宝宝继续剪开。宝宝学会使用剪刀后，可以让宝宝随意剪纸。

取长方形或方形纸一张，让宝宝跟着成人学习折纸的动作。如：两角对折、三角对折、四角向中心折、折波浪等。先让宝宝练习沿直线剪，如方形、长方形、三角形，再逐步扩展到沿弯曲线剪，如圆片、花朵、彩虹、波浪等。先练习沿着外边线剪，再练习剪内线。

成人让宝宝把剪好的图形粘贴到纸板上，让宝宝说说都是什么。

特别提示：

（1）一定要选择儿童用的钝头剪刀。

（2）剪刀存在不安全因素，一定要在成人的监护下使用。

（3）培养宝宝使用剪刀、收放剪刀的良好习惯。

3.动手作画

目的：提高宝宝对绘画的兴趣，培养其手指灵活、动手制作的能力。

方法：

（1）添画。画常见的图形让宝宝添上几笔，看能变成什么形状。如三角形变成树、伞、红旗；方形变成杯子、窗户、冰箱；长方形梯子、火车车厢、大汽车；圆形变成大西瓜、娃娃的脸、炒菜的锅。启发宝宝想象，用自己的双手去创造。

（2）粘贴画。先教会宝宝使用胶棒的方法，把胶棒盖子打开放好，再用手指把胶棒底部向前轻轻一拧，胶条就露出来了。告诉宝宝：胶条不要拧出太多，否则会变软掉下来。用完后再反方向把胶条拧回去，盖上盖收好。

当宝宝会使用胶棒以后，成人将剪好的图形，如"皮球"的一面平放在桌面上，一手按住"皮球"的一边，另一手用胶棒在"皮球"的中心开始慢慢向外涂胶。胶要涂均匀，然后把要粘贴的"皮球"翻出来贴在白纸上。也可以鼓励宝宝想象去剪，组成画面后再贴在纸上。

4.生活小能手

目的：发展宝宝的精细动作，锻炼宝宝手指的力量，促进其智力发展。

方法：

（1）剥橘子。准备好装橘子的水果篮，让宝宝自己剥橘子吃。教宝宝用一只手拿橘子，一只手剥皮。如果宝宝剥皮有困难，成人可以先帮助剥开一个小口，然后再让宝宝自己动手，并学说儿歌："橘子婆婆宝宝多，一瓣一瓣弯又多，吃到嘴里酸又甜。"还可以引导宝宝将剥好的橘子送给长辈吃，长辈吃到橘子后要及时夸奖宝宝。最后，引导宝宝将橘皮、核放入垃圾桶。

> **特别提示**：不要让宝宝用带橘子水的手触摸眼睛。

（2）捉害虫。在墙上贴一些小虫贴纸，高度是宝宝踮脚伸手就能拿到的位置，有的可以高一些。告诉宝宝这些都是害虫，希望宝宝今天能把它们全部捉下来，扔进垃圾筐里。鼓励宝宝踮脚伸手去抠小贴纸。如果高的地方宝宝抠不到，让宝宝想办法，当宝宝用物品垫高时要注意安全。这个游戏能锻炼宝宝踮脚尖，以及手指间的力量，也能让宝宝动脑子想办法完成任务。

（3）夹红枣。给宝宝一个小碗，在小碗里放10个红枣，再给宝宝一双筷子，让他坐在桌子旁。在桌子的中间放一个锅，里边装上水，告诉宝宝：我们现在要煮红枣了，但红枣还在宝宝的小碗里，需要宝宝帮忙把红枣一个一个地夹起来放到锅里。这样能锻炼宝宝使用筷子的能力，训练正确拿筷子的姿势。因为拿筷子对宝宝的手部肌肉是一个很好的锻炼，同时对宝宝的智能发展也有好处。

（4）钻小洞。启发宝宝自己动手学习的兴趣，成人边示范边讲解扣扣子的方法："一只手扶着扣眼的小洞，另一只手拿着扣子竖起来，让扣子从扣眼的小洞洞里钻进来，扣子就扣好了。"先用大扣子练习，再练习扣小扣子，而且要在生活中随机多练习。

5. 模仿画一画

目的：训练宝宝手眼的协调能力，培养其目测力，并能运笔自如地画画。

方法：

（1）画毛线团。让宝宝观察毛线是怎样绕成团的，也可以试着用手绕一绕，同时成人引导宝宝观察体验自己绕毛线的手是在一边绕线一边用手画圆圈，然后鼓励宝宝用笔在纸上画"毛线团"，把自己绕"毛线团"体验到的感觉画在纸上。

（2）模仿画"十"字。成人用笔在纸上示范画"十"字，同时边画边用语言吸引宝宝的兴趣，如"画一根黄瓜（一），用刀切一下（十），变成两段"，然后鼓励宝宝自己也模仿着画"十"字，也可以画一辆救护车，让宝宝在车上画"十"字，以提高宝宝的学习兴趣。

6. 小巧手

目的：培养宝宝手的技能及手指的灵活性，以促进其思维发展。

方法：

（1）编小辫。用三条软布条，让宝宝学着编辫子，交叉来交叉去，一下左一下右，把三条软布条变成了一条粗的辫子。辫子可用来当马儿骑，也可用来做娃娃的长辫子。辫子编好后，让宝宝把辫子放在娃娃头上，对娃娃说：这是你的辫子。长长的，粗粗的，真好看！问问男孩：你们梳不梳这样的长辫子？让宝宝了解自己的性别打扮。

（2）做大风车。给宝宝准备一根筷子、一个大头针、一张方形的纸、一把剪刀和一瓶固体糨糊，在折风车的时候，成人要仔细给宝宝示范，和宝宝一起动手做风车。风车做好后，成人用大头针钉在筷子上，让宝宝吹吹看。做的过程中要提示宝宝注意大头针和剪刀的使用安全。

八、情商启迪

情商游戏

1. 去奶奶家做客

目的：了解陌生环境，使宝宝在新的环境中有安全感。

方法：爸爸妈妈因工作关系不能每天接宝宝回自己家。爸爸妈妈决定由奶奶每天接宝宝去奶奶家住，这对于一直生活在三口之家的宝宝来说真是个大难题，因为他从来没离开过爸爸妈妈。为了让宝宝了解陌生环境，使宝宝在新的环境中有安全感，爸爸妈妈每天把宝宝从幼儿园接回奶奶家，爸爸、妈妈、爷爷、奶奶共同生活几天。待宝宝熟悉了新环境，爷爷奶奶喜欢宝宝，宝宝也喜欢他们。爸爸妈妈去工作了，宝宝高高兴兴地住在奶奶家，一点儿问题也没有。

2. 离开妈妈我能行

目的：帮助宝宝适应新环境，消除恐惧感。

方法：爸爸妈妈因为工作关系，不得不把宝宝暂时送到一个阿姨家去。为了使宝宝不感到陌生，妈妈把宝宝的玩具、小床、小被、枕头等都拿到阿姨家，并在宝宝的房间摆了爸爸妈妈和宝宝的合影。妈妈第一天带宝宝去阿姨家，在新的环境里，宝宝看到自己喜爱的玩具，熟悉的用品，特别是全家人的照片，使宝宝倍感亲切和温馨，很快宝宝就适应了阿姨家的环境，消除了离开妈妈的恐惧。

3. 幼儿园也不错

目的：帮助宝宝提前适应新环境，消除分离焦虑。

方法：过两天就要开学了，这可是宝宝第一次去幼儿园。为了让宝宝了解新环境，认识新老师，妈妈决定带宝宝去参观幼儿园。幼儿园真好！有那么多玩具，有滑梯，有转椅，还有宝宝叫不上名的玩具。参观了大型玩具，妈妈带宝宝来到小班。老师正在做开学前的准备，看到宝宝来了，老师非常高兴地欢迎宝宝，并问宝宝叫什么名字。老师还做了自我介绍，带宝宝参观了小班活动室、睡眠室，还告诉宝宝在哪儿上厕所，在哪儿洗手。宝宝很快就喜欢上了自己的老师。幼儿园有那么多玩具，有跟妈妈一样好的老师，宝宝就不怕去幼儿园了。开学第一天，宝宝高高兴兴地来到幼儿园，看到熟悉的玩具、熟悉的环境、熟悉的老师一点也不陌生。有的小朋友离开妈妈情绪不好，宝宝却心想，我来过这个地方我才不哭呢。宝宝主动跟老师说话，并跟小朋友一起游戏，他喜欢幼儿园的老师和小朋友，跟他们在一起高兴极了。

4. 一起敲小鼓

目的：培养宝宝的集体观念，懂得配合，初步理解什么是指挥。

方法：

（1）准备小鼓、小棒。

（2）组织集体活动，给每个孩子一个小鼓，两根小棒。

（3）小朋友面对面站成两排，左右两排的孩子分别敲打。

（4）成人用小红旗指挥，孩子们看成人用左手拿红旗，左边的小朋友就一起敲鼓；成人用右手拿红旗，右边的小朋友就一起敲鼓，交替进行。

5. 角色扮演

目的：培养宝宝的社会交往能力，并学会在交往中适当表达自己的意愿。

方法：成人在手指上绘画和宝宝一起游戏。游戏中成人和宝宝分别扮演不同角色。角色之间的语言交流尽量是宝宝常用的语言。可以一问一答式，也可以是故事表演形式，让宝宝参与其中，理解自己扮演的角色与成人扮演的角色之间的关系。

九、玩具推介

这个年龄段的宝宝已经具备了一定的跳跃能力，蹦蹦床和秋千是他们比较喜欢的玩具。宝宝手部肌肉的控制能力也逐渐提升，剪刀、笔、纸是他们重要的玩具，他们可以用剪刀将纸剪成条状，在纸上模仿画圆形、正方形、长方形、三角形等。他们喜欢拆卸一些组装较复杂的玩具，如小汽车等。他们也喜欢玩一些拼图类、走迷宫类的玩具，来锻炼其空间知觉能力和思维能力。他们能够用积木模仿搭底座是4~5块的桥。这个时期还应该给宝宝选择各种不同颜色、不同形状、不同大小和不同用途的玩具，以提高他们的分类能力和思维能力。

十、问题解答

1. 怎样使宝宝对学习有兴趣?

宝宝快3岁了,父母买了很多识字卡片教他念,他总是心不在焉,学了就忘,还把卡片乱扔,对学习一点都不感兴趣,怎么办?

有心理学家认为,对宝宝进行识字训练,确实可以在宝宝的大脑里留下记忆的痕迹。然而,并不是所有的宝宝都适合在婴儿期进行识字训练,适合的孩子只是少数。做父母的如果想教自己的宝宝识字,一定要用亲切和蔼的态度,自然而然的原则,使识字训练变为有意思的游戏,对孩子绝不可以强求,否则孩子对识字丧失了兴趣,就会事与愿违。

不到3岁的宝宝,学习主要是通过环境无意识地进行的。家长可在家中的物品上,尤其是他喜欢的玩具或感兴趣的东西上,贴上相应的字卡,在玩玩具或做感兴趣的事情的同时,教给他认读相应的字卡。这样在潜移默化中可以使宝宝认识不少汉字,同时也培养了他认读的兴趣。

婴幼儿时期更主要的是激发和培养孩子的兴趣,而不是强制性地学习,兴趣才是学习的原动力。

2. 如何指导宝宝看图书?

3岁前的宝宝还处于前阅读时期,尚不知书籍是用来阅读的,而是把书当玩具,类似于撕书、扔书、吃书等现象是十分常见的。对此,成人应把这些行为当做阅读的准备活动来鼓励,而不是进行制止和苛责。宝宝喜欢玩书,证明他对书感兴趣,很多宝宝玩过一阵书之后,就开始读书了。另外,婴幼儿注意力集中的时间比较短:2岁宝宝平均注意力集中的时间为7分钟,3岁为9分钟,应适当地控制好时间,并不需要强迫孩子阅读。

对幼儿来说,看书本上的彩色图画,指认图画中的内容或故事,与实际阅读词句是同等重要的。很多幼儿读物上只有很少的文字,成人可尝试随意编说故事,告诉宝宝图画上看到的情景。在选书方面,可给宝宝选些不易撕坏的书,如食用书、塑料书、布书、厚卡纸书等。

3. 如何应对宝宝在公共场所又哭又闹?

凡是在公共场所又哭又闹发脾气事件的发生,并不能全怨宝宝,责任应该由家长来负,这完全是家长对宝宝缺乏良好的礼貌家教所致。当孩子出现了这种极端行为时,讲道理是解决不了问题的。最好的解决办法就是冷处理,不要去理他,使他知道在公共场合大哭大闹耍赖的办法是不中用的。

很多家长喜欢通过语言对孩子进行家庭教育,而且不是警告就是命令,还美其名曰讲道理。其实他们的这种讲道理对于2~3岁的宝宝是不大管用的。家长说得再多,希望宝宝懂得道理还为时过早。所以即使家长以为进行了家教,却收不到效果,这是可想而知的。比较实用的办法,是在日常生活中形成规矩,养成习惯。父母要以身作则,用行为和榜样去进行教育。这个时期无需过多的语言,成人在既定方针的基础上表现出的态度和行动,就是对宝宝最好的教育。因此对有这样行为的宝宝,首先要立规矩,然后形成好的习惯。

4. 如何对待孩子之间的冲突?

2~3岁的宝宝在一起玩儿,经常会发生冲突。不是你夺了我的娃娃,就是我抢了你的汽车,不免你哭我叫发生一场战争。这时,家长应该如何对待他们之间的冲突呢?

2~3岁的宝宝爱模仿,总喜欢他人的东西。别人玩什么自己也想玩什么,看见别人有的,自己总是想要。一般没有太多"一起玩耍"的经历,还没有达到与小朋友一起玩会更快乐的认知水准。因此,对这个年龄的宝宝，他们在一起玩时发生冲突是太自然不过的事了，成人不必刻意费力去教宝宝懂得与人分享的道理。

其实，宝宝间发生冲突时，正是教育的良好时机。当然，不是去严厉地制止，而是作为宝宝的玩伴，告诉他：把咱们的玩具和某某的换着玩会儿吧。生活中，也要把具体的方法反复地讲在故事里，如小鸡对小鸭说："你的大皮球让我玩一会儿好吗？"小鸡对小猴说："你的小汽车让我玩一会儿好吗？"让宝宝知道说这样一句话，对方就能够高兴地把玩具给自己玩。然后，成人要提醒宝宝去使用这样的语言，并帮助他们感受成功，让宝宝在潜意识中产生抢玩具不对的印象。

5. 为什么成人管教宝宝不是靠大喊大叫？

看到宝宝有什么地方做得不对时，有的家长总喜欢大声呵斥，其实这不是一个很好的办法。教育宝宝不是靠大喊大叫就能解决问题的。如果经常对宝宝高声斥责，不仅收不到效果，反而对宝宝的性格成长、心理健康有不利影响。

心理学家对表达哪些事情该用怎样的声调进行了研究，发现处理同一件事情，不同的声调会收到不同的效果。成人批评宝宝，用低声调讲话会使宝宝更容易接受。因为低声调可以使人理智一些，情绪平和一些，也使宝宝抵触、逆反心理的防线有所松弛。另外，低声批评宝宝还可以集中宝宝的注意力，赶走愤怒。

当然，家长平时要注意多和宝宝沟通，了解和满足宝宝合理的需求。如：偶尔和宝宝换换角色，您来做个顽皮的宝宝，让宝宝扮演家长，看看他喜欢用什么方式解决问题等等。

6. 宝宝自言自语是怎么回事？

有的宝宝将近3岁左右时，会自言自语，可是当成人凑过去想听听宝宝在说什么时，宝宝就不说话了。于是，家长常常就会着急，对宝宝的表现非常困惑。其实，宝宝在3岁前后有自言自语现象，家长根本不用着急，反而应该高兴才是。这正是宝宝的语言能力正在迅猛增长，快要达到质的飞跃的阶段。

一般宝宝从1岁开始就真正开始发自内心地说话，到3岁左右，他们的外部语言表达能力已经有了较好的发展，和周围人的语言交流沟通已经不成问题了。这时候，他们的语言能力将要有一个巨大的进步——形成内部语言，也就是像成人那样，思考问题的时候在心里思考完成，而不用把事情的整个过程都一五一十地说出来。而宝宝的自言自语就是从外部语言向内部语言进行转化的一个过渡阶段。在这一阶段，宝宝还必须把自己心里想的内容用外部语言的方式讲出来，但这些内容都是内心的想法，所以只告诉自己就行。成人想知道，当然不能什么都说了！

宝宝的自言自语现象在3～5岁比较常见，3岁左右的宝宝在游戏的过程中就已经出现自言自语的现象了。到六七岁时，大部分孩子都能像成人一样进行不出声的沉默思考。

宝宝的自言自语现象是他社会经历积累的体现。那些已经上了幼儿园的，或者经常与小伙伴玩耍的宝宝，自言自语现象会更多。国外有学者发现，最富社会性的孩子自言自语最多，聪明的孩子在独立解决问题时比其他孩子更早出现自言自语现象。

如果宝宝其他一切正常，成人就不必为宝宝的自言自语现象而担忧，同时，也要对宝宝进行多方面的正确引导。当然，成人也不需要特别鼓励宝宝进行自言自语，这只是一个过程，过多的鼓励也会影响宝宝在成长过程中自然进入内部语言的进程。

如果成人发现宝宝除了自言自语外，从不跟周围人说话接触，整天只沉浸在自己的世界里，那就有必要到医院进行一定的检查了。

参考文献

1. 松原达哉著.宋维炳译.婴幼儿智能开发百科.（日）成每堂出版社,北京：中国妇女出版社,1997

2. 高振敏主编.中国儿童智力开发百科全书.长沙：湖南少年儿童出版社,2003

3. 程怀,程跃主编.同步成长全书.天津：天津教育出版社,1995

4. 刘湘云等主编.儿童保健学.南京：江苏科学技术出版社,1989

5. 刘湘云等主编.儿童保健学.南京：凤凰出版传媒集团,2007

6. 郭树春主编.儿童保健学.北京：人民卫生出版社,1989

7. 中国医科大学等主编.儿科学.北京：人民卫生出版社,1979

8. 王如文,胡建春编著.儿童营养实用知识必读.北京：中国妇女出版社,2004

9. W.GeorgeScarlett著.谭晨译.儿童游戏——在游戏中成长.北京：中国轻工业出版社,2008

10. 丁宗一等编著.中国儿童营养喂养指南.上海：第二军医大学出版社,2006

11. 欧阳鹏程主编.0～3岁小宝宝科学喂养.上海：第二军医大学出版社,2006

12. 欧阳鹏程主编.悉心照料小宝宝.上海：第二军医大学出版社,2006

13. 王书荃主编.0～6岁成长测评.北京：中国人口出版社,2009

14. 王书荃编著. 儿童发展评估与课程设计. 长春：北方妇女儿童出版社，2008

15. 王书荃编著. 婴幼儿的智力发展与潜能开发. 北京：中国人口出版社，2002

16. 王书荃著. 婴幼儿的情绪与行为. 北京：中国人口出版社，2003

17. 王书荃主编. 幼儿智力潜能开发. 兰州：甘肃人民出版社，2006

18. 王木木主编. 0~3岁同步成长百科全书. 世界图书出版公司，2008

19. 洪明，里程著. 康康安全行. 北京：中国物价出版社，2005

20. 戴淑凤等主编. 婴幼儿安全与急救. 北京：教育科学出版社，2002

21. 茉蒂·赫尔著. 张燕译丛主编. 0~3岁婴幼儿教养方案译丛. 北京：北京师范大学出版社，2007

22. 朱小蔓. 儿童情感与教育. 南京：江苏教育出版社，1998

23. 郑玉巧. 育儿百科. 北京：化学工业出版社，2009

24. 内藤寿七郎. 育儿原理. 北京：中国少年儿童出版社，1992

25. S. 格哈特著. 王燕译. 母爱的力量. 上海：华东师范大学出版社，2008

26. 格兰·多曼，詹尼特·多曼. 你的宝宝是天才. 北京：外语教学与研究出版社，2009